Andreas Schaumann

# Analytische Geometrie

thematisch angeordnete Abituraufgaben

**Gymnasium Bayern**

Bibliografische Information der Deutschen Nationalbibliothek:
Die Deutsche Nationalbibliothek verzeichnet diese Publikation in der Deutschen
Nationalbibliografie; detaillierte bibliografische Daten sind im Internet über
http://dnb.dnb.de abrufbar.

Herstellung und Verlag: BoD – Books on Demand, Norderstedt

ISBN: 9783755707301

Der auszugsweise Abdruck der Aufgaben aus den Bayerischen Abiturprüfungen
erfolgt mit freundlicher Genehmigung des Bayerischen Staatsministeriums für Unterricht und Kultus. Sämtliche Lösungen wurden vom Autor erstellt.

# Inhaltsverzeichnis

Der **Autor** unterrichtet die Fächer Mathematik und Physik am Ammersee-Gymnasium in Dießen. Er ist seit 1997 an verschiedenen bayerischen Gymnasien tätig, unterbrochen von einem sechsjährigen Aufenthalt an einer deutschen Auslandsschule.

Hinweise und Anmerkungen zum Buch nimmt er gerne entgegen. Diese bitte schicken an:   schaumathe@gmx.de

# Vorwort

Nach dem Buch über die Stochastik liegt hiermit das zweite Übungs-
buch zur Oberstufenmathematik vor. Das grundlegende Konzept ist
gleich geblieben:
Der gesamte Abiturstoff ist entlang des Lehrplans sortiert. Jedem
Themengebiet ist eine Merkliste mit den essentiellen Inhalten voran-
gestellt, dann folgen dazu passende Abituraufgaben mit ausführlichen
Lösungen. Warum das gut ist und wie du das Buch am besten einsetzt, erläutere ich in der Einführung noch genauer.

Dort wird auch beschrieben, inwiefern sich die Abituraufgaben zur
Geometrie von denen zur Stochastik unterscheiden und welche Kon-
sequenzen das in Bezug auf die Bearbeitung hat. Was aber in beiden
Fällen gleich ist:
Der Erwerb eines hübschen Übungsbuches macht deine Mathematik-
Performance leider noch nicht besser. Erst dessen bestimmungsge-
mäßer Einsatz verspricht einen gewissen Erfolg. Das geht natürlich
nicht ohne Anstrengung von deiner Seite (siehe das Kleingedruckte im
Umschlag), aber es wird sich lohnen!
Darauf habe ich natürlich schon im Stochastik-Vorwort hingewiesen.

Was ebenso weiterhin gilt:
Du darfst darauf vertrauen, dass sich in der Mathematik deine von
dir mehr oder minder mühsam eingesetzte Übungszeit relativ schnell
bezahlt machen wird.

Gerade die Möglichkeit, thematisch zielgerichtet zu üben wird dir
bald eine größere Sicherheit geben. Und mit mehr Sicherheit und
Durchblick macht's auch zunehmend mehr Spaß.

In diesem Sinne: Viel Spaß mit der Analytischen Geometrie!

Februar 2022                                    Andreas Schaumann

# 1 Einführung

Auch dieses Buch soll wie sein Pendant zur Stochastik drei Aufgaben auf einmal erfüllen, doch dazu später mehr. Davor wird dargestellt, was bei der Bearbeitung von Prüfungsaufgaben aus der Analytischen Geometrie besonders ist.

Da ist zunächst einmal das Anfertigen von Zeichnungen und Skizzen. Bei den Aufgabenstellungen werden seit der Einführung des G8 nur noch selten umfangreichere Zeichnungen verlangt. Ein Grund ist sicher, dass sich im Geometrie-Teil der Umfang von früher 40BE im G8 auf 20BE und seit 2021 25BE verringert hat. Können musst du es natürlich trotzdem.

Aber auch wenn keine Zeichnungen oder Skizzen explizit verlangt sind, sind viele Aufgaben ohne eine Überlegungsskizze kaum oder oft nur viel aufwändiger lösbar. In den Lösungen zu den Aufgaben habe ich deshalb überall dort, wo es mir sinnvoll erschien, Skizzen angefertigt. Sie sind bewusst so gestaltet, wie du sie auch selber zeichnen könntest. Ziel ist es, möglichst schnell einen Überblick über die Aufgabenstellung und die möglichen Lösungswege zu erhalten.

Ein weiterer Unterschied zur Stochastik ist, dass im Teil B die Teilaufgaben meist aufeinander aufbauen. Das sieht man z.B. an den gehäuft auftretenden Kontrollergebnissen. Am Anfang wird dir das noch nicht groß auffallen, weil in den Aufgaben zu den Kapiteln ja meist nur wenige isolierte Teilaufgaben vorkommen. Bei der unmittelbaren Prüfungsvorbereitung jedoch musst du das sehr genau beachten. Zur Unterstützung gibt es das Kapitel 11, in dem auf solche taktischen Überlegungen beim Bearbeiten von kompletten Aufgaben eingegangen wird.

Schließlich kommen in der Geometrie öfters als in den anderen Gebieten immer wieder einmal Grundlagenkenntnisse aus der Mittelstufe vor, die man so noch nie oder nur selten in den vorigen Prüfungsaufgaben gesehen hat. Eine Liste mit ein paar Verdächtigen findest du im Anhang (hier besteht natürlich kein Anspruch auf Vollständigkeit!).

Nun zu den drei verschiedenen Grundfunktionen des Buchs:

## Einsatz als Übungsbuch

Weil die Themen wie im Lehrplan sortiert sind, kannst du das Buch auch zum Einüben des aktuellen Stoffs parallel zum Unterricht einsetzen. Zusätzliches Übungsmaterial schadet nie, außerdem siehst du gleich, was im Abitur verlangt wird und welchen Charakter die Prüfungsaufgaben so haben.

Die Aufgabenbeispiele zu den einzelnen Kapiteln sind in zunehmender Schwierigkeit sortiert. Anfangs sind die Lösungen noch sehr ausführlich, wenn sich Lösungswege wiederholen, werden sie knapper. In Kapitel 11 gehe ich noch einmal detaillierter darauf ein, wie der Umfang deiner Bearbeitung normalerweise so aussehen könnte.

Bei allen Themen kannst du dir die Grundlagen mit Hilfe der passenden Videos noch einmal in Ruhe anschauen. Beachte dabei, dass die Inhalte dort sehr komprimiert dargeboten werden. Hin und wieder wird es daher vielleicht mal angebracht sein, auf die Pause-Taste zu drücken und das bisher Dargestellte sauber zu durchdenken.

Themen, die lange zurückliegen oder die du bei der Behandlung im Unterricht nicht so ganz verstanden hast, kannst du damit noch einmal auffrischen bzw. neu erarbeiten. In diesem Sinne kann man das Buch auch als kleines Nachschlagewerk einsetzen.

## Einsatz zur Stoffzusammenfassung

Apropos Nachschlagewerk:
Für die Vorbereitung auf die Prüfung musst du irgendwann alle drei Teilbereiche parat haben, was schon eine große Menge an Inhalten ist. Dafür hat sich das Anfertigen von persönlichen Kurzzusammenfassungen sehr bewährt. Nachdem das oft eine ziemlich langwierige Sache sein kann, habe ich dir als Basis für diese Kurzzusammenfassungen in jedem Kapitel die wichtigsten Inhalte in Form der „Merkliste" zusammengestellt. Wenn du die dann noch je nach Bedarf ausdünnst oder ergänzt, solltest du gut gerüstet sein.

## Einsatz zur Abiturvorbereitung

Die beste Art, sich auf die Abiturprüfung vorzubereiten, ist nach wie vor das Rechnen von alten Prüfungsaufgaben. Gerade am Anfang, wenn man sich zum ersten Mal mit den Prüfungsaufgaben eines Themengebiets beschäftigt, können die aber auch wie ein großer Berg vor einem stehen, bei dem man gar nicht so recht weiß, wo und wie man anfangen soll.

Da sollte dir dieses Buch eine große Hilfe sein. Du erhältst einen Überblick über die für das Abitur relevanten Themen und kannst diese gezielt angehen. Zu jedem Thema findest du dann die relevantesten Prüfungsaufgaben der letzten Jahre vor, mit denen du normalerweise genug Übungsmöglichkeiten haben solltest, um in dem Bereich fit zu werden. Falls du noch mehr rechnen willst, habe ich in allen Kapiteln noch Empfehlungen für weitere Abituraufgaben angegeben. Die Lösungen dazu kannst du z.B. im Netz unter www.abiturloesung.de finden. Dort sind auch die Angaben von sehr vielen alten Prüfungsaufgaben verfügbar (oft mit Lösungen), die jede Menge weiteres Übungsmaterial bieten. Fehlt nur noch, dass du mit der Prüfungsvorbereitung beginnst. Das Aufgabenrechnen kann dir keiner abnehmen, die Einstiegshürde dafür sollte jetzt aber deutlich kleiner sein. Und wie schon im Vorwort behauptet: vernünftiger Einsatz lohnt sich, wenn´s läuft macht´s Spaß!

## Allgemeine Bemerkungen zur Abiturprüfung

Bei der Bearbeitung der einzelnen Aufgaben musst du immer beachten, welche „Operatoren" in der Aufgabenstellung verwendet werden. Darauf gehe ich bei einigen Lösungen der Aufgaben näher ein. Zusätzlich findest du im Anhang eine Operatorenliste für Mathematik, herausgegeben vom „Institut für Qualitätsentwicklung im Bildungswesen" (IQB), das auch die Prüfungsaufgaben für den länderübergreifenden Teil erstellt. Da kannst du noch einmal nachlesen, wie genau man beim jeweiligen Operator die Antwort darstellen sollte. Wie oben schon erwähnt, gibt es in diesem Buch auch ein eigenes Kapitel über die Taktik zur Bearbeitung von gesamten Prüfungsteilen. Zusätzlich zum Umgang mit Operatoren und Zwischenergebnissen findest du hier noch einige Tipps speziell zur Bearbeitung von Aufgaben aus der Analytischen Geometrie.

Damit aber genug der Vorrede, ran an's Werk, selber Rechnen macht schlau!

# 2 Rechnen mit Vektoren

## 2.1 Grundlagen

In diesem Kapitel geht es um die Grundlagen der Vektorrechnung. Dazu gehört zunächst der Umgang mit dem dreidimensionalen Koordinatensystem sowie das elementare Rechnen mit Vektoren, d.h. Addition, Subtraktion und Skalarmultiplikation.

Man muss vielleicht dazusagen: in der Mathematik ist die „Vektorrechnung" ein deutlich weiteres Feld. Vektoren sind dort Elemente eines „Vektorraums", für den bestimmte Bedingungen gelten. So könnte man z.b. auch ganzrationale Funktionen als Vektoren auffassen.

Das machen wir hier nicht. „Unser" Vektorbegriff ist geknüpft an das dreidimensionale kartesische Koordinatensystem, Vektoren werden dort repräsentiert durch Pfeile. Ein Vektor ist für uns demnach charakterisiert durch zwei Eigenschaften: seine Länge und seine Richtung.

Die Länge als „Betrag" des Vektors ist Teil dieses Kapitels. Um die Richtung kümmern wir uns dann im nächsten Kapitel, in dem die Winkel zwischen Vektoren dazukommen.

Aus der Mittelstufengeometrie begegnen uns hier hauptsächlich Dreiecke und Pyramiden, die sehr regelmäßige Teilnehmer von Abiturprüfungen sind.

**Tipps für den Fernsehabend:**

- *Einführung und Darstellung von Vektoren*
- *Addition von Vektoren*
- *Differenzvektor*
- *Betrag eines Vektors*
- *Skalarmultiplikation*

## Was gehört auf den Merkzettel?

- Addition und Subtraktion von Vektoren, auch grafisch!

- Ganz wichtig: Vektor von A nach B („Differenzvektor"):

$$\overrightarrow{AB} = \overrightarrow{B} - \overrightarrow{A}$$

- Davon strikt zu unterscheiden, auch wenn es ähnlich aussieht: Mittelpunkt M der Strecke [AB]

$$\overrightarrow{M} = \frac{1}{2}(\overrightarrow{A} + \overrightarrow{B})$$

- Betrag eines Vektors:

$$|\vec{a}| = \sqrt{a_1^2 + a_2^2 + a_3^2}$$

- Skalarmultiplikation: „Zahl mal Vektor" = Vektor

# 2.2 Aufgaben

Beginnen wir mit Aufgaben zum Koordinatensystem. Das Zeichnen von umfangreicheren Körpern oder Figuren ins Koordinatensystem wird zwar nicht mehr so häufig verlangt wie früher, können sollte man es natürlich trotzdem. In der ersten Aufgabe geht es neben dem Zeichnen um das Erkennen von Körpern und Teilkörpern. Wenn die entsprechenden Körper eine besondere (d.h. in der Regel eine besonders einfache) Lage im Koordinatensystem besitzen, dann darfst du das z.b. beim Ablesen von Streckenlängen auch ausnützen.

**2012 Aufgabengruppe II**

In einem kartesischen Koordinatensystem sind die Punkte A(10|2|0), B(10|0|8), C(10|4|3), R(2|2|0), S(2|8|0) und T(2|4|3) gegeben. Der Körper ABCRST ist ein gerades dreiseitiges Prisma mit der Grundfläche ABC, der Deckfläche RST und rechteckigen Seitenflächen.

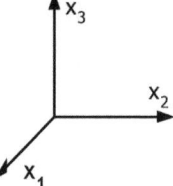

a) Zeichnen Sie das Prisma in ein kartesisches Koordinatensystem [6] (vgl. Abbildung) ein. Welche besondere Lage im Koordinatensystem hat die Grundfläche ABC? Berechnen Sie das Volumen des Prismas.

d) Die Ebene F enthält die Gerade CT und zerlegt das Prisma in [3] zwei volumengleiche Teilkörper. Wählen Sie einen Punkt P so, dass er gemeinsam mit den Punkten C und T die Ebene F festlegt; begründen Sie Ihre Wahl. Tragen Sie die Schnittfigur von F mit dem Prisma in Ihre Zeichnung ein.

e) Die Punkte A, B und T legen die Ebene H fest; diese zerlegt das [3] Prisma ebenfalls in zwei Teilkörper. Beschreiben Sie die Form eines der beiden Teilkörper. Begründen Sie, dass die beiden Teilkörper nicht volumengleich sind.

Die nächste Aufgabe ist aus dem Originaltext des A-Teils von 2018, der wegen eines unerlaubten Eindringens in einen Schultresor nicht im Abitur zum Einsatz kam. Auch hier geht es um die Anschauung im Koordinatensystem, allerdings nicht mit einer exakten Zeichnung, sondern nur mit einer Skizze.

## 2018 A1 Aufgabe 2

Gegeben sind die Punkte A(4|0|0), B(0|1|0), C(0|4|0) und D(0|0|5).

[3] a) Erläutern Sie mit Hilfe einer geeignet beschrifteten Skizze, dass sich das Volumen V der Pyramide ABCD mit dem Term $V = \frac{1}{3} \cdot \left( \frac{1}{2} \cdot 3 \cdot 4 \right) \cdot 5$ berechnen lässt.

[2] b) Die Punkte A, C und D legen die Ebene H fest. Der Flächeninhalt des Dreiecks ACD wird mit F bezeichnet, der Abstand des Punktes B von der Ebene H mit d. Zur Berechnung von d wird der Ansatz $\frac{1}{3} \cdot F \cdot d = 10$ gewählt. Begründen Sie, dass dieser Ansatz korrekt ist.

Die folgende Teilaufgabe b) könnte man mit Hilfe einer Geradengleichung (kommt erst im Kapitel 5) lösen, es geht aber auch genauso gut mit schon bekannten Mitteln.

## 2016 A1 Aufgabe 1

Betrachtet wird der abgebildete Würfel ABCDEFGH.
Die Eckpunkte D, E, F und H dieses Würfels besitzen in einem kartesischen Koordinatensystem die folgenden Koordinaten: D(0|0|-2), E(2|0|0), F(2|2|0) und H(0|0|0).

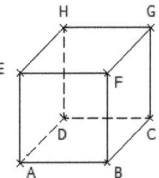

[2] a) Zeichnen Sie in die Abbildung die Koordinatenachsen ein und bezeichnen Sie diese. Geben Sie die Koordinaten des Punkts A an.

[3] b) Der Punkt P liegt auf der Kante [FB] des Würfels und hat vom Punkt H den Abstand 3. Berechnen Sie die Koordinaten des Punkts P.

Bei den nächsten Aufgaben rückt das Rechnen mit Vektoren mehr in den Vordergrund. Schwerpunkt sind die Berechnung von Seitenmitten oder Koordinaten von Punkten, die besondere Bedingungen erfüllen.

## 2019 A1 Aufgabe 1

Gegeben ist ein Rechteck ABCD mit den Eckpunkten A(5|-4|-3), B(5|4|3), C(0|4|3), und D.

a) Ermitteln Sie die Koordinaten von D und geben Sie die Koordi- [3] naten des Mittelpunkts M der Strecke [AC] an.

b) Begründen Sie, dass die Dreiecke BCM und ABM den gleichen [2] Flächeninhalt besitzen, ohne diesen zu berechnen.

## 2015 A1 Aufgabe 1

Die Gerade g verläuft durch die Punkte A(0|1|2) und B(2|5|6).

a) Zeigen Sie, dass die Punkte A und B den Abstand 6 haben. [3] Die Punkte C und D liegen auf g und haben von A jeweils den Abstand 12. Bestimmen Sie die Koordinaten von C und D.

b) Die Punkte A, B und E(1|2|5) sollen mit einem weiteren Punkt die [2] Eckpunkte eines Parallelogramms bilden. Für die Lage des vierten Eckpunkts gibt es mehrere Möglichkeiten. Geben Sie für zwei dieser Möglichkeiten die Koordinaten des vierten Eckpunkts an.

## 2013 II Aufgabe 1

Die Abbildung zeigt modellhaft einen Ausstellungspavillon, der die Form einer geraden vierseitigen Pyramide mit quadratischer Grundfläche hat und auf einer horizontalen Fläche steht. Das Dreieck BCS beschreibt im Modell die südliche Außenwand des Pavillons. Im Koordinatensystem entspricht eine Längeneinheit 1m, d.h. die Grundfläche des Pavillons hat eine Seitenlänge von 12m.

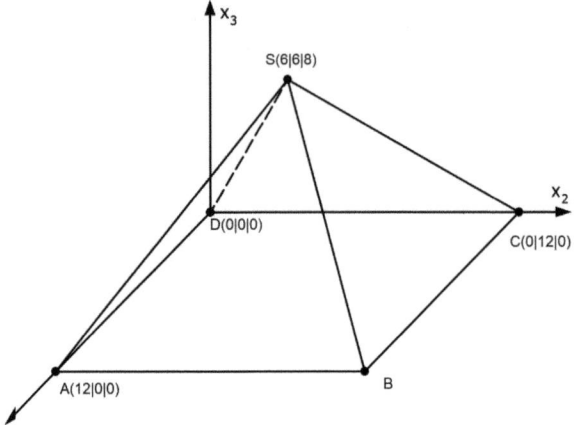

[3] a) Geben Sie die Koordinaten des Punktes B an und bestimmen Sie das Volumen des Pavillons.

An einem Teil der südlichen Außenwand sind Solarmodule flächen-bündig montiert. Die Solarmodule bedecken im Modell eine dreiecki-ge Fläche, deren Eckpunkte die Spitze S sowie die Mittelpunkte der Kanten [SB] und [SC] sind.

[4] d) Ermitteln Sie den Inhalt der von den Solarmodulen bedeckten Fläche.

weitere Aufgaben zum Üben:

- 2011 V (G9-Abitur):
  1a) Nachweis eines gleichschenkligen Dreiecks inklusive einer 2-dimensionale Zeichnung
  2a) Streckenberechnung, gute Übung zur geometrischen Anschauung

## 2.3 Lösungen

**Lösung zu 2012 II:**

a) Beachte bei der Anfertigung einer Zeichnung, dass die Einheit der Achsen, wenn nichts anderes gesagt wird, 1cm beträgt. Die Einheit der $x_1$-Achse ist dagegen wegen der perspektivischen Darstellung auf eine Kästchendiagonale verkürzt. Das Prisma sieht dann so aus:

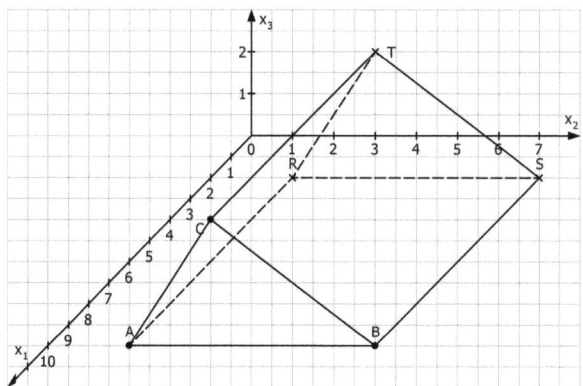

Wenn nach einer besonderen Lage im Koordinatensystem gefragt wird, dann handelt es sich meist um Parallelität zu Koordinatenachsen oder Koordinatenebenen. Diese erkennt man normalerweise an den Koordinaten. Hier sollte dir auffallen, dass alle $x_1$-Koordinaten den gleichen Wert 10 besitzen. Das bedeutet, dass die Grundfläche ABC parallel zur $x_2x_3$-Ebene liegt, wie du auch an der Zeichnung schön erkennen kannst.

Für die Volumenberechnung des Prismas ist hier schon verraten worden, dass das Dreieck ABC die Grundfläche darstellt. Das Volumen eines geraden Prismas berechnet sich bekannterweise aus V = G · h, der bekannte Spezialfall wäre der Quader.

Die Höhe $h_P$ des Prismas kann man aus der Zeichnung ablesen, sie entspricht der Länge von [AR] bzw. [BS] und beträgt 8. Damit muss nur noch die Grundfläche bestimmt werden. Weil du erkannt hast, dass ABC parallel zur $x_2x_3$-Ebene liegt, kann man hier die Höhe $h_D$ des Dreiecks und die Länge der Grundlinie ebenfalls leicht ablesen: C liegt 3 über der Grundlinie, also ist $h_D = 3$. Von A nach B geht man 6 Schritte in $x_1$-Richtung, also hat die Grundlinie die Länge 6. Insgesamt ergibt sich:

$$V = G \cdot h_P = \frac{1}{2} \cdot g \cdot h_D \cdot h_P = \frac{1}{2} \cdot 3 \cdot 6 \cdot 8 = 72$$

Nachdem in der Aufgabenstellung „Berechnen Sie...“ verlangt war, musst du bei der Beantwortung der Aufgabe einen nachvollziehbaren Rechenweg dieser Art angeben. Die Werte für die Höhen und die Grundlinie kannst du aber, weil die Situation hier so einfach ist, der Zeichnung entnehmen.

d) Wenn die Ebene F die Gerade CT enthält, dann ist ihre Lage noch nicht eindeutig festgelegt. Man kann sie noch um die Gerade CT drehen. Damit diese Ebene das Prisma in zwei volumengleiche Teile zerteilt, muss die Ebene die Grundlinie [AB] genau bei der Hälfte schneiden:

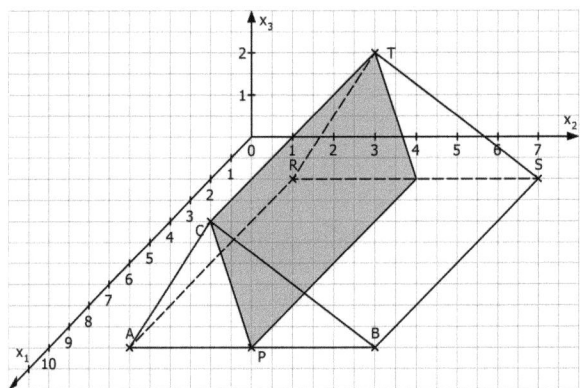

Begründung: Wenn P z.B. auf [AB] liegt und die Grundlinie [AB] in zwei gleich große Teile teilt, dann haben die beiden entstehenden Prismen die gleiche Grundfläche $\frac{1}{2}G$ und die gleiche Höhe $h_P$, also auch das gleiche Volumen.

Der Ausschnitt der Ebene, der auch im Prisma liegt (= „Schnittfigur“), ist das gezeichnete Rechteck.

e) Die beiden Teilfiguren muss man sich hier vorstellen können, es sei denn, man fertigt noch eine Skizze an. Wenn man es schön zeichnet, schaut es so aus (dafür hat man aber in der Prüfung eher nicht die Zeit...):

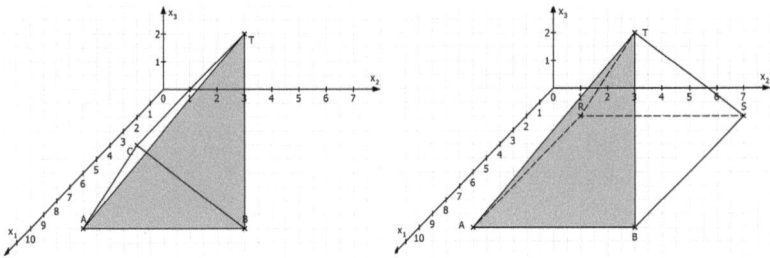

Wie man sieht, ist der linke Teil eine Pyramide mit der bisherigen Grundfläche ABC und der Höhe $h_P$. Auch der rechte Teil ist eine Pyramide, allerdings ist hier die Grundfläche das Rechteck ABSR. Dass die Volumina nicht gleich sind, kann man z.b. so begründen: die linke Pyramide hat das Volumen $\frac{1}{3} \cdot G \cdot h_P$, also genau ein Drittel des Prismenvolumens. Also muss die rechte Pyramide zwei Drittel des Prismenvolumens besitzen und demnach sind die beiden Volumina verschieden.

Du könntest natürlich auch das Volumen der rechten Pyramide direkt ausrechnen und sehen, dass es nicht die Hälfte von 72 ist.

**Lösung zu 2018 A1 Aufgabe 2:**

a) Eine Skizze ist keine Zeichnung, d.h. hier muss es nicht so genau sein. Das Koordinatensystem ist auch nicht unbedingt nötig. Es soll mithilfe der Skizze der Term für das Volumen erläutert werden, also solltest du schon noch noch etwas dazu schreiben. Beispielsweise: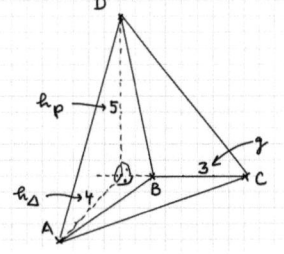
$V = \frac{1}{3} \cdot G \cdot h_P$ mit $G = \frac{1}{2} \cdot g \cdot h_D = \frac{1}{2} \cdot 3 \cdot 4$ und der Pyramidenhöhe $h_P = 5$.
Damit ergibt sich für V der gegebene Term.

b) Jetzt kommt ein Perspektivenwechsel: ACD kann man ebenso als Grundfläche der Pyramide auffassen. Die Spitze der Pyramide ist dann B und die Höhe der Pyramide ist der Abstand von B zur Grundfläche ACD und damit zur Ebene H. Der gegebene Ansatz ist also nichts anderes als der Ansatz zur Berechnung des Pyramidenvolumens, und weil das Volumen 10 beträgt, ist der Ansatz korrekt.

**Lösung zu 2016 A1 Aufgabe 1:**

a) Man sieht, dass H im Ursprung des Koordinatensystems liegt. Anhand der Koordinaten von D, E und F ergibt sich deshalb die Lage des Koordinatensystems wie rechts gezeichnet:
A besitzt dann die Koordinaten
A(2|0|-2)

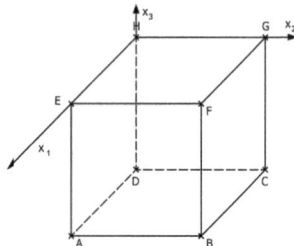

b) P soll auf der Kante [FB] liegen und von H den Abstand 3 besitzen.
Das bedeutet: $|\overrightarrow{HP}| = 3$.
Die Idee ist jetzt, Koordinaten für P anzusetzen. Davon ist nämlich nur noch eine unbekannt, und die kann man dann mit der gegebenen Gleichung bestimmen.
Weil P auf der Kante [FB] liegt, sind seine $x_1$- und $x_2$-Koordinaten festgelegt:

$$\vec{P} = \begin{pmatrix} 2 \\ 2 \\ p_3 \end{pmatrix}, \text{ wobei } p_3 \text{ die unbekannte } x_3\text{-Koordinate darstellt.}$$

Weil H im Ursprung liegt, gilt:

$$|\overrightarrow{HP}| = |\vec{P}| = \sqrt{2^2 + 2^2 + p_3^2} = \sqrt{8 + p_3^2} = 3$$

Das ist erfüllt, wenn $p_3$ entweder 1 oder $-1$ beträgt. Da P aber auf der Kante [FP] liegen soll, ist die $-1$ richtig und für P gilt P(2|2|−1).

Alternativ ließe sich $p_3$ auch über den Satz des Pythagoras bestimmen. Dazu müsste man dann das Dreieck HPF betrachten, das bei F einen rechten Winkel besitzt. Die andere Lösung benützt eher die Methoden der Analytischen Geometrie und ist dadurch letztendlich wohl auch schneller.

**Lösung zu 2019 A1 Aufgabe 1:**

Die Bezeichnung der Eckpunkte von Figuren erfolgt normalerweise immer **gegen** den Uhrzeigersinn. Deshalb sieht das Rechteck prinzipiell so aus:

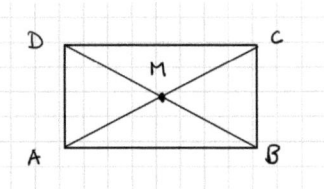

Damit ist klar, wie man die Koordinaten von D erhält. Seinen Ortsvektor erhält man z.B. so:

$$\vec{D} = \vec{A} + \overrightarrow{BC} \quad (\text{weil } \overrightarrow{AD} = \overrightarrow{BC})$$

Der Vektor $\overrightarrow{BC}$ ist der Differenzvektor von B nach C, der berechnet sich wie folgt:

$$\overrightarrow{BC} = \vec{C} - \vec{B} = \begin{pmatrix} 0 \\ 4 \\ 3 \end{pmatrix} - \begin{pmatrix} 5 \\ 4 \\ 3 \end{pmatrix} = \begin{pmatrix} -5 \\ 0 \\ 0 \end{pmatrix}$$

Damit ergibt sich für $\vec{D}$:

$$\vec{D} = \vec{A} + \overrightarrow{BC} = \begin{pmatrix} 5 \\ -4 \\ -3 \end{pmatrix} + \begin{pmatrix} -5 \\ 0 \\ 0 \end{pmatrix} = \begin{pmatrix} 0 \\ -4 \\ -3 \end{pmatrix}$$

Das sind erst die Koordinaten des Ortsvektors, die Koordinaten des Punktes sind dann D(0|-4|-3). Das ist zwar nur eine eher formale Sache, aber im Abitur sollte das schon passen...

Die Koordinaten von M erhält man am schnellsten mit der entsprechenden Formel:

$$\vec{M} = \frac{1}{2}\left(\vec{A} + \vec{C}\right) = \frac{1}{2}\left(\begin{pmatrix} 5 \\ -4 \\ -3 \end{pmatrix} + \begin{pmatrix} 0 \\ 4 \\ 3 \end{pmatrix}\right) = \begin{pmatrix} 2,5 \\ 0 \\ 0 \end{pmatrix} \Rightarrow M(2,5|0|0)$$

Weil man die Koordinaten von M nur „angeben" muss, ist eigentlich keine Rechnung nötig. Allerdings hat man die Situation hier nicht unbedingt so genau vor Augen, dass man die Lage von M wirklich leicht sehen kann, und da ist der Rechenweg vielleicht doch das einfachere.

b) Wenn es ohne Rechnung gehen soll, dann darfst du hier keine Zahlenwerte verwenden. Also muss es irgendwie allgemeiner gehen. Wenn du das nicht gleich siehst, fange ganz formal an: Die Fläche des Dreiecks berechnet sich mit $\frac{1}{2} \cdot g \cdot h$. Beim Dreieck ABM ist die Grundlinie z.b. [AB] und die Höhe die Hälfte von [BC]. Bei Dreieck BCM ist die Grundlinie dann [BC] und die Höhe die Hälfte von [AB]. Damit sind die beiden Flächeninhalte gleich groß. Hinschreiben könntest du das z.b. so:

$$A_{ABM} = \tfrac{1}{2} \cdot g \cdot h = \tfrac{1}{2} \cdot \overline{AB} \cdot \tfrac{1}{2} \cdot \overline{BC} = \tfrac{1}{4} \cdot \overline{AB} \cdot \overline{BC} \quad \text{und}$$

$$A_{BCM} = \tfrac{1}{2} \cdot \overline{BC} \cdot \tfrac{1}{2} \cdot \overline{AB} = \tfrac{1}{4} \cdot \overline{AB} \cdot \overline{BC} = A_{ABM}$$

**Lösung zu 2015 A1 Aufgabe 1:**

a) Der Abstand zwischen zwei Punkten entspricht dem Betrag des entsprechenden Differenzvektors:

$$|\overrightarrow{AB}| = |\vec{B} - \vec{A}| = \left| \begin{pmatrix} 2 \\ 5 \\ 6 \end{pmatrix} - \begin{pmatrix} 0 \\ 1 \\ 2 \end{pmatrix} \right| = \left| \begin{pmatrix} 2 \\ 4 \\ 4 \end{pmatrix} \right| = \sqrt{4 + 16 + 16} = 6$$

Wesentliches Vorgehen in der Geometrie: Skizzen anfertigen!

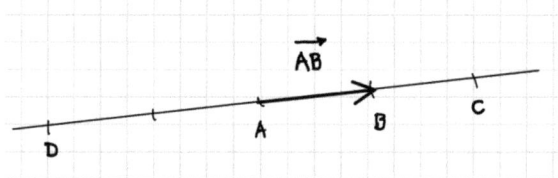

Anhand der Skizze solltest du sehen:

$$\vec{C} = \vec{B} + \overrightarrow{AB} = \begin{pmatrix} 2 \\ 5 \\ 6 \end{pmatrix} + \begin{pmatrix} 2 \\ 4 \\ 4 \end{pmatrix} = \begin{pmatrix} 4 \\ 9 \\ 10 \end{pmatrix} \Rightarrow C(4|9|10)$$

D liegt dann von A aus gesehen in der Gegenrichtung; daher muss $\overrightarrow{AB}$ jetzt abgezogen werden. Weil der Abstand $12 = 2 \cdot 6$ sein soll gilt:

$$\vec{D} = \vec{A} - 2 \cdot \overrightarrow{AB} = \begin{pmatrix} 0 \\ 1 \\ 2 \end{pmatrix} - \begin{pmatrix} 4 \\ 8 \\ 8 \end{pmatrix} = \begin{pmatrix} -4 \\ -7 \\ -6 \end{pmatrix} \Rightarrow D(-4| -7| -6)$$

b) Skizze: (man weiß nicht, wo E genau liegt; das ist aber für die Skizze nicht wesentlich)

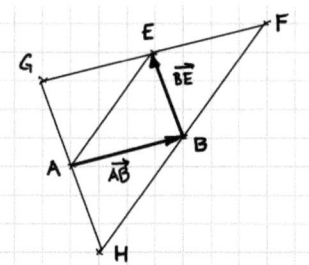

Es gibt genau drei verschiedene Möglichkeiten für den vierten Eck-
punkt: F, G und H. Für den Ortsvektor von F gilt z.B.:

$$\vec{F} = \vec{E} + \overrightarrow{AB} = \begin{pmatrix} 1 \\ 2 \\ 5 \end{pmatrix} + \begin{pmatrix} 2 \\ 4 \\ 4 \end{pmatrix} = \begin{pmatrix} 3 \\ 6 \\ 9 \end{pmatrix}$$

Beachte : es ist nach den Koordinaten des Eck**punktes** gefragt. Die
sind dann F(3|6|9).
Genauso erhält man aus $\vec{G} = \vec{E} - \overrightarrow{AB}$ die Koordinaten G($-1|-2|1$)
bzw. H(1|4|3) aus $\vec{H} = \vec{A} - \overrightarrow{BE}$.

**Lösung zu 2013 II Aufgabe 1:**

a) B hat die Koordinaten (12|12|0).

Das Volumen der Pyramide berechnet sich wie aus der Mittelstufe
bekannt mit $V = \frac{1}{3} \cdot G \cdot h$. Weil die Pyramide so einfach im Koordinatensystem liegt, darfst du die entsprechenden Werte der Grundfläche und Höhe ablesen. Die Grundfläche beträgt als Quadratfläche
$G = 12 \cdot 12 = 144$, sie liegt in der $x_1 x_2$–Ebene, weil die $x_3$-Koordinate
aller Eckpunkte 0 ist. Die Höhe beträgt 8, weil der Punkt S ja in
der Höhe 8 über der Grundfläche liegt. Das erkennt man an der $x_3$-
Koordinate von S, die den Wert 8 besitzt.

Damit beträgt $V = \frac{1}{3} \cdot 144 \cdot 8 = 384$.

Bei Sachaufgaben musst du die Ergebnisse immer mit der richtigen
Einheit und eventuell der geforderten Genauigkeit angeben. Eine Län-
geneinheit entspricht hier einem Meter, also besitzt der Pavillon ein
Volumen von $384m^3$.

d) Die Fläche eines Dreiecks berechnet sich mit $A = \frac{1}{2} \cdot g \cdot h$. Dabei
ist die Grundlinie g hier die Strecke zwischen den beiden Seitenmit-
telpunkten. Deren Länge beträgt als Mittelparallele im Dreieck BCS

genau die Hälfte der Streckenlänge von B nach S, also 6. Wenn du
das nicht siehst, kannst du das natürlich auch aus den Koordinaten
der Seitenmittelpunkte ausrechnen, aber bei einer so speziellen Situation wie hier darf man das meines Erachtens auch ohne Rechnung
begründen (zur Kontrolle: $M_{BS}(9|9|4)$ und $M_{CS}(3|9|4)$).
Die Höhe h des Dreiecks ist die Strecke von S zum Mittelpunkt N der
Grundlinie $[M_{BS}M_{CS}]$. Das gilt aber nur, wenn das Dreieck gleich-
schenklig ist. Das ist hier der Fall. Auch die Koordinaten des Mit-
telpunkts könnte man „ablesen", es ergibt sich N(6|9|4). Alternativ
bestimmt man N als Mittelpunkt der Mittelparallelen.
Für h gilt dann:

$$\vec{h} = \vec{S} - \vec{N} = \begin{pmatrix} 6 \\ 6 \\ 8 \end{pmatrix} - \begin{pmatrix} 6 \\ 9 \\ 4 \end{pmatrix} = \begin{pmatrix} 0 \\ -3 \\ 4 \end{pmatrix}$$

Der Betrag dieses Vektors ist 5, damit hat auch die Höhe den Wert
5 und für die Fläche des Dreiecks ergibt sich:

$$A = \frac{1}{2} \cdot 6m \cdot 5m = 15m^2$$

# 3 Winkelberechnung

## 3.1 Grundlagen

Wie im vorigen Kapitel bereits angekündigt, kommt jetzt zusätzlich zur Länge noch die Richtung von Vektoren hinzu. Als Maß für die Richtung eignen sich Winkel. Die Richtung eines Vektors im Raum ist dabei jedoch normalerweise kein Thema, meist interessiert man sich dafür, in welchem Winkel sich z.B. zwei Geraden oder zwei Ebenen schneiden (zu Geraden und Ebenen kommen wir später). Das führt man aber auf den Winkel zwischen zwei Vektoren zurück, und darum geht es jetzt.

Die Winkelberechnung zwischen zwei Vektoren erfolgt mit Hilfe einer neuartigen Verknüpfung, des sogenannten Skalarprodukts. Damit solltest du dich anfreunden und routiniert umgehen lernen.

Ein häufig vorkommender Spezialfall ist der Nachweis rechter Winkel. Den braucht man oft im Zusammenhang mit speziellen Vierecken, z.B. beim Nachweis, dass es sich bei einem gegebenen Viereck um ein Rechteck handelt. Die jeweiligen Eigenschaften dieser besonderen Vierecke und den Weg, wie man diese am besten nachweist, solltest du kennen (siehe Merkzettel).

**Tipps für den Fernsehabend:**

- *Das Skalarprodukt*
- *Geometrische Bedeutung des Skalarprodukts*
  (in diesem Kapitel nicht so sehr von Bedeutung, aber als Ergänzung vielleicht ganz interessant)

**Was gehört auf den Merkzettel?**

- Definition des Skalarprodukts:

$$\vec{a} \circ \vec{b} = a_1 b_1 + a_2 b_2 + a_3 b_3$$

- Winkel zwischen zwei Vektoren:

$$\cos(\varphi) = \frac{\vec{a} \circ \vec{b}}{|\vec{a}| \cdot |\vec{b}|}$$

wichtig:

Der Winkel $\varphi$ ist dabei immer der kleinere ($\leq 180°$) Winkel zwischen den beiden Vektoren!

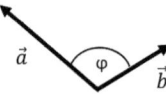

- Sonderfall: Nachweis, dass zwei Vektoren aufeinander senkrecht stehen

$$\vec{a} \perp \vec{b} \quad \Leftrightarrow \quad \vec{a} \circ \vec{b} = 0$$

- **Besondere Vierecke**

  Bei jedem Viereck ist angegeben, wie man es normalerweise nachweist und welche speziellen Eigenschaften u.U. noch wichtig sind.

*Trapez*:

Nachweis: Zwei gegenüberliegende Seiten sind parallel. Das kann i.d.R. am schnellsten über die Parallelität der zugehörigen Vektoren nachgewiesen werden.

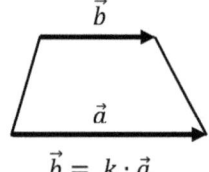

$$\vec{b} = k \cdot \vec{a}$$

*Parallelogramm*:
Nachweis: Zwei gegenüberliegende Seiten werden durch den gleichen Vektor beschrieben.
Die Diagonalen halbieren sich gegenseitig.

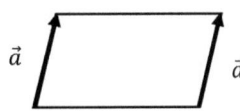

*Rechteck*:
Nachweis: wie Parallelogramm; zusätzlich noch einen rechten Winkel nachweisen
Die Diagonalen sind zusätzlich auch noch gleich lang.

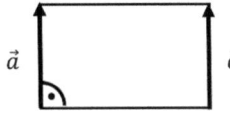

*Raute*:
Nachweis: wie Parallelogramm; zusätzlich müssen noch zwei benachbarte Seiten gleich lang sein
Die Diagonalen halbieren sich gegenseitig und stehen aufeinander senkrecht.

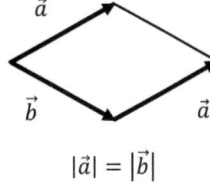

$$|\vec{a}| = |\vec{b}|$$

*Quadrat*:
Nachweis: wie Raute; zusätzlich noch einen rechten Winkel nachweisen
Die Diagonalen halbieren sich, stehen aufeinander senkrecht und sind gleich lang.

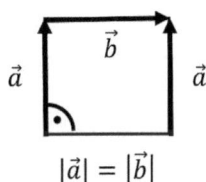

$$|\vec{a}| = |\vec{b}|$$

*Drachenviereck*:
Nachweis: Je zwei benachbarte Seiten sind gleich lang.
Die Diagonalen stehen aufeinander senkrecht.
Eine Diagonale ist dabei eine Symmetrieachse.

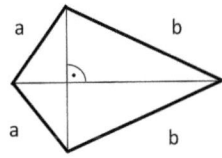

## 3.2 Aufgaben

Ein schönes Beispiel für eine isolierte Winkelberechnung findet sich in dieser Anwendungsaufgabe aus dem B-Teil des Abiturs 2019. Das war die Abschlussprüfung, bei der im Nachgang eine Diskussion inklusive Petition über die zu textlastigen Aufgabenstellungen entbrannt ist, was sich sicherlich auch auf diese Geometrie-Aufgabe bezog.

**2019 B1**

Eine Geothermieanlage fördert durch einen Bohrkanal heißes Wasser aus einer wasserfüh- renden Gesteinsschicht an die Erdoberfläche. In einem Mo- dell entspricht die $x_1 x_2$ -Ebene eines kartesischen Koordinaten- systems der horizontal verlau- fenden Erdoberfläche. Eine Län- geneinheit im Koordinatensys- tem entspricht einem Kilome- ter in der Realität. Der Bohr- kanal besteht aus zwei Abschnit- ten, die im Modell vereinfacht

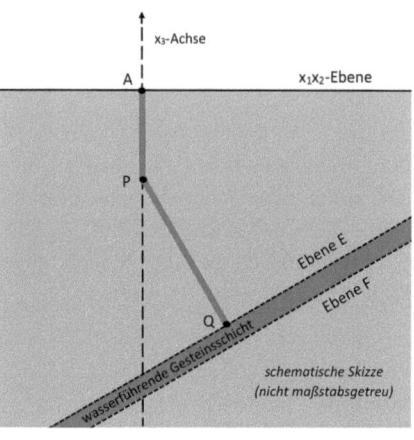

durch die Strecken [AP] und [PQ] mit den Punkten $A(0|0|0)$, $P(0|0|-1)$ und $Q(1|1|-3,5)$ beschrieben werden (vgl. Abbildung).

[2] a) Berechnen Sie auf der Grundlage des Modells die Gesamtlänge des Bohrkanals auf Meter gerundet.

[3] b) Beim Übergang zwischen den beiden Abschnitten des Bohrkanals muss die Bohrrichtung um den Winkel geändert werden, der im Modell durch den Schnittwinkel der beiden Geraden AP und PQ beschrieben wird. Bestimmen Sie die Größe dieses Winkels.

Wie in der Einführung zum Kapitel schon erwähnt, sind Nachweise von besonderen Vierecken häufige Abiturinhalte. Dazu folgen jetzt einige Beispiele.

**2019 B2**

Die Abbildung zeigt den Würfel ABCDEFGH mit A(0|0|0) und G(5|5|5)
in einem kartesischen Koordinatensystem. Die Ebene T schneidet die
Kanten des Würfels unter anderem in den Punkten I(5|0|1), J(2|5|0),
K(0|5|2) und L(1|0|5).

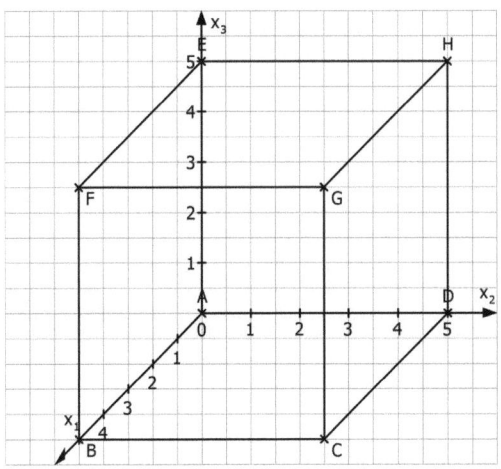

a) Zeichnen Sie das Viereck IJKL in die Abbildung ein und zeigen [4]
   Sie, dass es sich um ein Trapez handelt, bei dem zwei gegenüberliegende Seiten gleich lang sind.

Bei den nächsten Aufgaben sollte man sich wieder eine kleine Skizze
machen, um sich die Situation besser vorstellen zu können.

**2020 A2**

Gegeben sind die Punkte P(−2|3|0), R(2|−1|2) und Q(q|1|5) mit der
reellen Zahl q, wobei Q von P genauso weit entfernt ist wie von R.

a) Bestimmen Sie q. [3]

(*zur Kontrolle: q = −2*)

b) Ermitteln Sie die Koordinaten des Eckpunkts S der Raute PQRS. [2]
   Zeigen Sie, dass PQRS kein Quadrat ist.

**2015 A1 Aufgabe 2**

Betrachtet wird die Pyramide ABCDS mit A(0|0|0), B(4|4|2), C(8|0|2), D(4|−4|0) und S(1|1|−4). Die Grundfläche ABCD ist ein Parallelogramm.

[2] a) Weisen Sie nach, dass das Parallelogramm ABCD ein Rechteck ist.

[3] b) Die Kante [AS] steht senkrecht auf der Grundfläche ABCD. Der Flächeninhalt der Grundfläche beträgt $24\sqrt{2}$. Ermitteln Sie das Volumen der Pyramide.

**2017 A2 Aufgabe 1**

Gegeben sind die beiden bezüglich der $x_1x_3$-Ebene symmetrisch liegenden Punkte A(2|3|1) und B(2|−3|1) sowie der Punkt C(0|2|0).

[3] a) Weisen Sie nach, dass das Dreieck ABC bei C rechtwinklig ist.

[2] b) Geben sie die Koordinaten eines weiteren Punktes D der $x_2$-Achse an, so dass das Dreieck ABD bei D rechtwinklig ist. Begründen Sie Ihre Antwort.

**2014 A2 Aufgabe 1**

Die Vektoren $\vec{a} = \begin{pmatrix} 2 \\ 1 \\ 2 \end{pmatrix}$, $\vec{b} = \begin{pmatrix} -1 \\ 2 \\ 0 \end{pmatrix}$ und

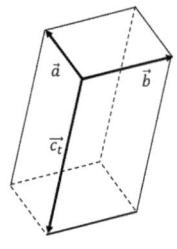

$\vec{c_t} = \begin{pmatrix} 4t \\ 2t \\ -5t \end{pmatrix}$ spannen für jeden Wert von t mit

$t \in \mathbb{R}\backslash\{0\}$ einen Körper auf. Die Abbildung zeigt den Sachverhalt beispielhaft für einen Wert von t.

[2] a) Zeigen Sie, dass die aufgespannten Körper Quader sind.

[3] b) Bestimmen Sie diejenigen Werte von t, für die der jeweils zugehörige Quader das Volumen 15 besitzt.

Beim nächsten Beispiel geht es darum, einen Punkt auf einer Kante so zu bestimmen, dass ein rechter Winkel entsteht, eine Aufgabenstellung, die in dieser Form auch schon öfters vorkam.

## 2014 A1 Aufgabe 1

Die Abbildung zeigt ein gerades Prisma ABCDEF mit A(0|0|0), B(8|0|0), C(0|8|0) und D(0|0|4).

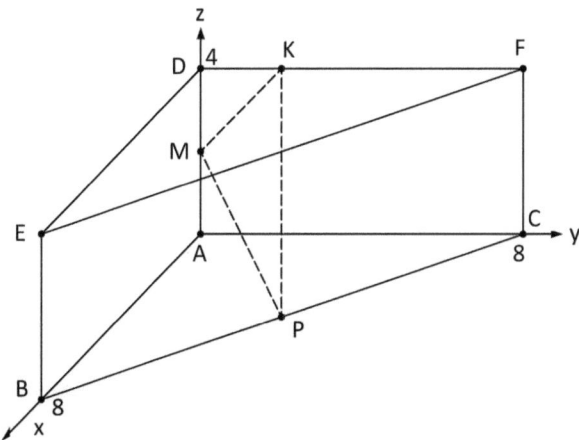

a) Bestimmen Sie den Abstand der Eckpunkte B und F.  [2]

b) Die Punkte M und P sind die Mittelpunkte der Kanten [AD] bzw.  [3]
   [BC]. Der Punkt $K(0|y_k|4)$ liegt auf der Kante [DF]. Bestimmen
   Sie $y_k$ so, dass das Dreieck KMP in M rechtwinklig ist.

In den letzten Aufgaben soll ein Winkel zwischen zwei Seitenflächen berechnet werden. Dafür gibt es ein eigenes Verfahren, das wir bei den Lagebeziehungen von Ebenen behandeln werden. In speziellen Fällen wie diesem kann der Winkel aber auch einfacher erhalten werden.

## 2013 I

Ein auf einer horizontalen Fläche stehendes Kunstwerk besitzt einen Grundkörper aus massivem Beton, der die Form eines Spats hat. Alle Seitenflächen eines Spats sind Parallelogramme.

In einem Modell lässt sich der Grundkörper durch einen Spat ABCDPQRS mit A(28|0|0), B(28|10|0), D(20|0|6) und P(0|0|0) beschreiben (vgl. Abbildung). Die rechteckige Grundfläche ABQP liegt in der $x_1x_2$-Ebene. Im Koordinatensystem entspricht eine Längeneinheit 0,1m, d.h. der Grundkörper ist 0,6m hoch.

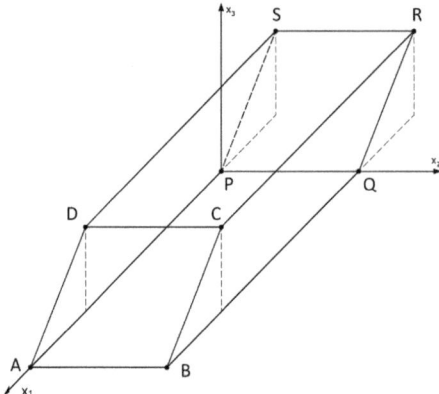

[5] a) Geben Sie die Koordinaten des Punkts C an und zeigen Sie, dass die Seitenfläche ABCD ein Quadrat ist.

[3] c) Berechnen Sie die Größe des Winkels, unter dem die Seitenfläche ABCD gegen die $x_1x_2$-Ebene geneigt ist.

[3] e) Machen Sie plausibel, dass das Volumen des Spats mithilfe der Formel V = G · h berechnet werden kann, wobei G der Flächeninhalt des Rechtecks ABQP und h die zugehörige Höhe des Spats ist.

[3] f) Ein Kubikmeter des verwendeten Betons besitzt eine Masse von 2,1t. Berechnen Sie die Masse des Grundkörpers.

## 2020 B1

Die Abbildung 1 zeigt modellhaft eine Mehrzweckhalle, die auf einer horizontalen Fläche steht und die Form eines geraden Prismas hat. Die Punkte $A_1(0|0|0)$, $A_2(20|0|0)$, $A_3$ und $A_4(0|10|0)$ stellen im Modell die Eckpunkte der Grundfläche der Mehrzweckhalle dar, die Punkte $B_1$, $B_2$, $B_3$ und $B_4$ die Eckpunkte der Dachfläche. Diejenige Seitenwand, die im Modell in der $x_1x_3$-

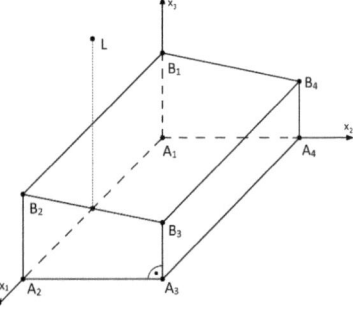

Ebene liegt, ist 6m hoch, die ihr gegenüberliegende Wand nur 4m.

Eine Längeneinheit im Koordinatensystem entspricht 1m, d.h. die

Mehrzweckhalle ist 20m lang.

a) Geben Sie die Koordinaten der Punkte $B_2$, $B_3$ und $B_4$ an und [4]
   bestätigen Sie, dass diese Punkte in der Ebene
   E: $x_2 + 50x_3 - 30 = 0$ liegen.

b) Berechnen Sie die Größe des Neigungswinkels der Dachfläche ge- [3]
   genüber der Horizontalen.

c) Der Punkt T(7|10|0) liegt auf der Kante $[A_3A_4]$. Untersuchen Sie [6]
   rechnerisch, ob es Punkte auf der Kante $[B_3B_4]$ gibt, für die gilt:
   Die Verbindungsstrecken des Punktes zu den Punkten $B_1$ und T
   stehen aufeinander senkrecht. Geben Sie gegebenenfalls die Koordinaten dieser Punkte an.

weitere Aufgaben zum Üben:

- 2011 I b,c: Rechteck, Zeichnung und Projektion des Rechtecks

und aus dem alten G9 GK-Abitur:

- 2003 VI 1a,b und 2a,b: gute Übung zu allen Grundfertigkeiten und
  zur geometrischen Anschauung
- 2002 V 1a,b,c: Dreieck, gute Übung zur Streckenteilung und zum
  Umkreis eines Vierecks
- 2011 VI a,b: Rechteck, rechter Winkel im Dreieck
- 2008 V 1a: gleichschenkliges Dreieck, Innenwinkel
- 2007 V 1b: Trapez, Zeichnung

# 3.3 Lösungen

**Lösung zu 2019 B1:**

a) Der Bohrkanal setzt sich aus zwei Strecken zusammen: [AP] und [PQ]. Also gilt für seine Länge im Modell:

$$L = |\overrightarrow{AP}| + |\overrightarrow{PQ}| = \left| \begin{pmatrix} 0 \\ 0 \\ -1 \end{pmatrix} \right| + \left| \begin{pmatrix} 1 \\ 1 \\ -2,5 \end{pmatrix} \right| = 1 + \sqrt{8,25}$$

Für die reale Länge müssen wir diesen Wert noch mit 1km multiplizieren und auf Meter runden. Also wandeln wir den Kilometer am besten gleich in Meter um und erhalten:

reale Länge $= (1 + \sqrt{8,25}) \cdot 1000\text{m} \approx 3872\text{m}$.

Damit man hier auf das richtige Ergebnis kommt, darf man also nicht zu früh runden! Deshalb die Wurzel erst einmal stehen lassen und erst am Ende auf die richtige Stellenanzahl runden.

b) Jetzt kommt die erste Winkelberechnung. Den Winkel zwischen den beiden Geraden AP und PQ führen wir auf den Winkel zwischen den beiden Vektoren $\overrightarrow{AP}$ und $\overrightarrow{PQ}$ zurück.

(Das wären dann auch Richtungsvektoren der beiden Geraden, wie wir das im Kapitel über die Geraden noch besprechen.)

Um den Winkel zwischen zwei Vektoren zu berechnen, benötigt man beide Beträge und das Skalarprodukt der beiden Vektoren. Die Beträge haben wir bei a) schon berechnet, für das Skalarprodukt gilt:

$$\overrightarrow{AP} \circ \overrightarrow{PQ} = 0 \cdot 1 + 0 \cdot 1 + (-1) \cdot (-2,5) = 2,5$$

Damit erhalten wir für den Kosinus des gesuchten Winkels $\varphi$:

$$cos(\varphi) = \frac{2,5}{1 \cdot \sqrt{8,25}} = \frac{2,5}{\sqrt{8,25}}$$

Mit dem Taschenrechner erhält man dann den zugehörigen Winkelwert:

$$\Rightarrow \varphi \approx 29,5°$$

(Wenn nichts weiter angegeben ist oder der Winkel nicht sehr klein sein sollte, rundest du Winkelwerte am besten auf eine Stelle nach dem Komma.)

**Lösung zu 2019 B2:**

Zuerst zeichnet man die Punkte ein und verbindet sie:

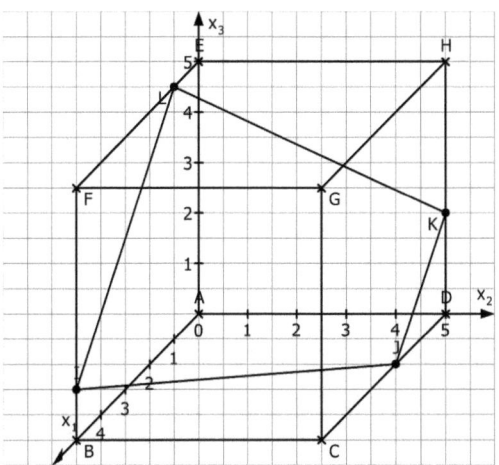

Für ein Trapez muss nachgewiesen werden, dass zwei gegenüberliegende Seiten parallel zueinander sind. Hier sieht man schon, dass das [IL] und [JK] sein müssten. Die Parallelität zeigt man über die zugehörigen Vektoren. Wenn diese Vielfache voneinander sind, dann sind die Seiten parallel.

$$\overrightarrow{IL} = \begin{pmatrix} -4 \\ 0 \\ 4 \end{pmatrix} \quad \text{und} \quad \overrightarrow{JK} = \begin{pmatrix} -2 \\ 0 \\ 2 \end{pmatrix}, \quad \text{also gilt} \quad \overrightarrow{IL} = 2\overrightarrow{JK}$$

Die Seiten sind also parallel und es liegt ein Trapez vor.

Bleibt noch zu zeigen, dass die anderen beiden Seiten gleich lang sind:

$$|\overrightarrow{IJ}| = \left| \begin{pmatrix} -3 \\ 5 \\ -1 \end{pmatrix} \right| = \sqrt{9 + 25 + 1} = \sqrt{35}, \quad |\overrightarrow{LK}| = \left| \begin{pmatrix} -1 \\ 5 \\ -3 \end{pmatrix} \right| = \sqrt{35}$$

Damit wäre das auch gezeigt.

**Lösung zu 2015 A1 Aufgabe 2:**

a) Ein Parallelogramm ist dann ein Rechteck, wenn mindestens ein Innenwinkel 90° beträgt.
Die einfachsten Vektoren erhält man mit Hilfe des Punktes $A(0|0|0)$:

$$\overrightarrow{AB} = \begin{pmatrix} 4 \\ 4 \\ 2 \end{pmatrix} \text{ und } \overrightarrow{AD} = \begin{pmatrix} 4 \\ -4 \\ 0 \end{pmatrix} \text{, also ist } \overrightarrow{AB} \circ \overrightarrow{AD} = 16 - 16 = 0$$

Damit liegt bei A ein rechter Winkel vor und ABCD ist ein Rechteck.

b) Wenn die Kante [AS] senkrecht auf der Grundfläche steht, dann ist sie die Höhe der Pyramide mit der Spitze S. Für das Volumen gilt dann:

$$V = \frac{1}{3}G \cdot h = \frac{1}{3}24\sqrt{2} \cdot |\overrightarrow{AS}| = 8\sqrt{2} \cdot \sqrt{18} = 8\sqrt{36} = 48$$

**Lösung zu 2020 A2 Aufgabe 1:**

a) Gleiche Entfernung bedeutet: gleiche Beträge der entsprechenden Vektoren. Daher muss gelten:

$$|\overrightarrow{PQ}| = |\overrightarrow{RQ}|$$

Man berechnet also die zugehörigen Differenzvektoren und stellt deren Beträge gleich:

$$\sqrt{(q+2)^2 + (1-3)^2 + (5-0)^2} = \sqrt{(q-2)^2 + (1-1)^2 + (5-2)^2}$$
$$\sqrt{q^2 + 4q + 33} = \sqrt{q^2 - 4q + 17} \quad \text{somit folgt}$$
$$q^2 + 4q + 33 = q^2 - 4q + 17$$
$$8q = -16$$
$$q = -2$$

b) Wie immer: Skizze anfertigen!

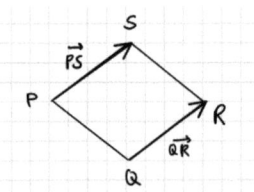

Eine Raute ist ja ein spezielles Parallelogramm. Deshalb gilt $\overrightarrow{PS} = \overrightarrow{QR}$ und damit

$$\vec{S} = \vec{P} + \overrightarrow{QR} = \begin{pmatrix} -2 \\ 3 \\ 0 \end{pmatrix} + \begin{pmatrix} 4 \\ -2 \\ -3 \end{pmatrix} = \begin{pmatrix} 2 \\ 1 \\ -3 \end{pmatrix}$$

Für S ergibt sich also S(2|1|−3).

Damit eine Raute kein Quadrat ist, genügt es zu zeigen, dass ein Winkel ungleich 90° ist. Dies geht mit dem Skalarprodukt:

$$\overrightarrow{PS} \circ \overrightarrow{PQ} = \begin{pmatrix} 4 \\ -2 \\ -3 \end{pmatrix} \circ \begin{pmatrix} 0 \\ -2 \\ 5 \end{pmatrix} = 0 + 4 - 15 = -11 \neq 0$$

⇒ PQRS ist also kein Quadrat.

**Lösung zu 2017 A2 Aufgabe 1:**

a) Am besten macht man sich gleich eine Skizze, die man auch für b) verwenden kann:

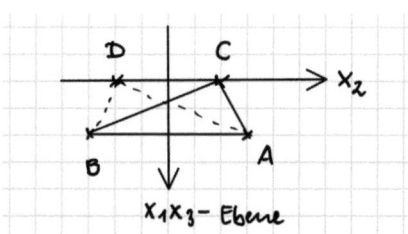

Den rechten Winkel bei C weist man wieder mit dem Skalarprodukt nach:

$$\overrightarrow{CA} \circ \overrightarrow{CB} = \begin{pmatrix} 2 \\ 1 \\ 1 \end{pmatrix} \circ \begin{pmatrix} 2 \\ -5 \\ 1 \end{pmatrix} = 4 - 5 + 1 = 0 \Rightarrow \overrightarrow{CA} \perp \overrightarrow{CB}$$

b) Weil die Punkte A und B symmetrisch bezüglich der $x_1 x_3$-Ebene liegen, wählt man als Punkt D den entsprechenden Spiegelpunkt von C. Seine Koordinaten sind dann (0|−2|0). ADB ist damit das Spiegelbild von ACB und besitzt deshalb bei D einen rechten Winkel.

**Lösung zu 2014 A2 Aufgabe 1:**

a) Damit die Körper für alle Werte von t Quader sind, müssen die
Vektoren paarweise aufeinander senkrecht stehen. Nachweis:

$$\begin{pmatrix} 2 \\ 1 \\ 2 \end{pmatrix} \circ \begin{pmatrix} -1 \\ 2 \\ 0 \end{pmatrix} = -2+2+0 = 0 \quad \text{und} \quad \begin{pmatrix} 2 \\ 1 \\ 2 \end{pmatrix} \circ \begin{pmatrix} 4t \\ 2t \\ -5t \end{pmatrix} = 8t+2t-10t = 0$$

$$\text{und schließlich} \quad \begin{pmatrix} -1 \\ 2 \\ 0 \end{pmatrix} \circ \begin{pmatrix} 4t \\ 2t \\ -5t \end{pmatrix} = -4t + 4t + 0 = 0 \Rightarrow \text{Quader}$$

b) Beim Quader gilt: $V = l \cdot b \cdot h$. Die Längen entsprechen den
Beträgen der Vektoren. Also erhalten wir die Gleichung

$$|\vec{a}| \cdot |\vec{b}| \cdot |\vec{c_t}| = 15$$

Das ist eine Gleichung für die eine Unbekannte t, die wir dann nach
t auflösen müssen:

$$\begin{aligned} \sqrt{4+1+4} \cdot \sqrt{1+4+0} \cdot \sqrt{16t^2 + 4t^2 + 25t^2} &= 15 \\ \sqrt{9 \cdot 5 \cdot 45t^2} &= 15 \\ \sqrt{t^2} &= \frac{15}{45} \\ t &= \pm\frac{1}{3} \end{aligned}$$

**Lösung zu 2014 A1 Aufgabe 1:**

a) Der Punkt F liegt genau 4 Einheiten über dem Punkt C, weil es
sich um ein gerades Prisma handelt. Damit ist

$$|\overrightarrow{BF}| = |\vec{F} - \vec{B}| = \left| \begin{pmatrix} 0 \\ 8 \\ 4 \end{pmatrix} - \begin{pmatrix} 8 \\ 0 \\ 0 \end{pmatrix} \right| = \left| \begin{pmatrix} -8 \\ 8 \\ 4 \end{pmatrix} \right| = \sqrt{64 + 64 + 16} = 12$$

b) Wenn bei M ein rechter Winkel vorliegt, muss gelten:

$$\overrightarrow{MP} \circ \overrightarrow{MK} = 0$$

Dies ergibt eine Gleichung für $y_k$, die wir dann nach $y_k$ auflösen (ähnlich wie in 2020 A2). Zunächst müssen wir aber noch die beiden Kan-
tenmittelpunkte bestimmen:

$$\vec{P} = \tfrac{1}{2}(\vec{B} + \vec{C}) = \begin{pmatrix} 4 \\ 4 \\ 0 \end{pmatrix} \quad \text{und} \quad \vec{M} = \tfrac{1}{2}(\vec{A} + \vec{D}) = \begin{pmatrix} 0 \\ 0 \\ 2 \end{pmatrix}$$

Weil die Lage von M und P so einfach ist, könnte man auf den Rechenweg hier meiner Meinung nach auch verzichten. Der entscheidende Schritt erfolgt jetzt:

$$\overrightarrow{MP} \circ \overrightarrow{MK} = \begin{pmatrix} 4 \\ 4 \\ -2 \end{pmatrix} \circ \begin{pmatrix} 0 \\ y_k \\ 2 \end{pmatrix} = 0 + 4y_k - 4 = 0$$

Also folgt für $y_k$: $\quad y_k = 1$.

Die explizite Berechnung der Differenzvektoren $\overrightarrow{MP}$ und $\overrightarrow{MK}$ kann man auch im Kopf machen; wenn du da aber nicht ganz sicher bist, dann schreib es lieber schnell hin.

Ganz generell gilt: bei der Bearbeitung der Aufgaben musst du dich an der konkreten Arbeitsanweisung („Operator") orientieren. Hier ist $y_k$ zu „bestimmen". Das erfordert einen nachvollziehbaren Rechenweg, bei dem aber nicht unbedingt jeder einzelne Teilschritt ausführlich gerechnet werden muss.

Eine Liste mit den gebräuchlichen Operatoren findest du im Anhang.

**Lösung zu 2013 I:**

a) C hat die Koordinaten C(20|10|6).

$$\overrightarrow{AB} = \begin{pmatrix} 0 \\ 10 \\ 0 \end{pmatrix} \qquad \text{nach Angabe ist ABCD ein Parallelogramm}$$

$$|\overrightarrow{AD}| = \left| \begin{pmatrix} -8 \\ 0 \\ 6 \end{pmatrix} \right| = \sqrt{64 + 36 + 0} = 10 = |\overrightarrow{AB}| \quad \Rightarrow \text{Raute}$$

$$\overrightarrow{AB} \circ \overrightarrow{AD} = \begin{pmatrix} 0 \\ 10 \\ 0 \end{pmatrix} \circ \begin{pmatrix} -8 \\ 0 \\ 6 \end{pmatrix} = 0 \Rightarrow \overrightarrow{AB} \perp \overrightarrow{AD} \Rightarrow \text{Quadrat}$$

c) Dieser Winkel ist eigentlich der Winkel zwischen zwei Ebenen. Wie man den allgemein bestimmt, kommt erst in Kapitel 7. Es geht hier aber auch, wenn man die besondere Lage im Koordinatensystem ausnützt und sich eine 2d-Skizze anfertigt.

In $x_2$-Richtung (von rechts) betrachtet sieht der Teil des Spats so aus:

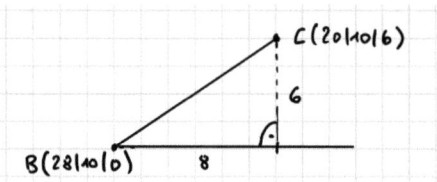

Für den Neigungswinkel $\alpha$ gilt dann: $tan(\alpha) = \frac{6}{8} \Rightarrow \alpha \approx 36,9°$.

e) Die Lösung ist in der Skizze schon angedeutet: Wenn man den Spat bei der Kante [DC] senkrecht zur Grundfläche entlang der gestrichelten Linien zerschneidet, entsteht ein dreiseitiges Prisma. Weil bei einem Spat alle gegenüberliegenden Flächen kongruente Parallelogramme sind, kann man das abgeschnittene Prisma bei PQRS genau anfügen, so dass ein Quader entsteht. Dieser hat die gleiche Grundfläche und Höhe wie der Spat. Das Volumen hat sich natürlich auch nicht verändert, also lässt sich das Spatvolumen wie das Quadervolumen mit Grundfläche mal Höhe berechnen.

f) Das Volumen beträgt nach e)

$$V = G \cdot h = 10 \cdot 0,1m \cdot 28 \cdot 0,1m \cdot 6 \cdot 0,1m = 1,68m^3.$$

Die Masse berechnet sich dann zu m = 1,68 · 2,1t = 3,528t.

**Lösung zu 2020 B1:**

a) Was man wissen sollte: ein Prisma hat kongruente Grund- und Deckflächen. Wenn es wie hier gerade ist, dann sind alle Seitenflächen Rechtecke. (Beim schiefen Prisma sind es Parallelogramme.)

Für die Koordinaten der Punkte sind damit die Höhen der Wände ausschlaggebend: $B_2(20|0|6)$, $B_3(20|10|4)$ und $B_4(0|10|4)$.

Um zu bestätigen, dass die Punkte in E liegen, muss man nur ihre Koordinaten in E einsetzen und prüfen, ob die Gleichung damit erfüllt ist (siehe Kapitel Ebenen).

b) Weil die Situation hier wieder sehr einfach ist, lässt sich der Winkel mit Hilfe einer 2d-Skizze bestimmen:

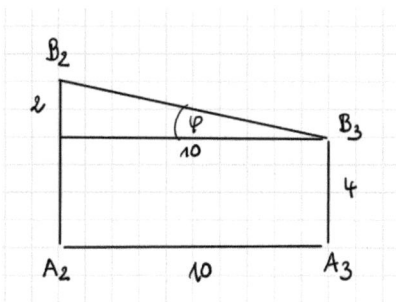

es gilt:   $tan(\varphi) = \frac{2}{10} \Rightarrow \varphi \approx 11,3°$

c) Der Ansatz für den rechten Winkel lautet wie immer:

$$\overrightarrow{PT} \circ \overrightarrow{PB_1} = 0$$

Dabei soll P der gesuchte Punkt auf der Kante $[B_3B_4]$ sein. Dessen Koordinaten sind:   $P(x_1|10|4)$

Damit erhält man die Gleichung

$$\begin{pmatrix} 7 - x_1 \\ 0 \\ -4 \end{pmatrix} \circ \begin{pmatrix} -x_1 \\ -10 \\ 2 \end{pmatrix} = 0$$
$$(7 - x_1) \cdot (-x_1) + 0 - 8 = 0$$
$$-7x_1 + x_1^2 - 8 = 0$$
$$x_1^2 - 7x_1 - 8 = 0$$

Die quadratische Gleichung löst man entweder mit dem Satz von Vieta oder mit der Mitternachtsformel. Mit Vieta erhält man

$$(x - 8)(x + 1) = 0$$

und damit die beiden Lösungen   $x_1 = 8$   und   $x_1 = -1$.

Weil P auf der Kante $[B_3B_4]$ liegen muss (d.h. die $x_1$-Werte liegen zwischen 0 und 20), kommt für $x_1$ nur 8 in Betracht.

Also gibt es nur den einen Punkt $P(8|10|4)$.

# 4 Kreuzprodukt

## 4.1 Grundlagen

In diesem Kapitel begegnet uns nach der Skalarmultiplikation und dem Skalarprodukt das dritte und letzte Produkt der Analytischen Geometrie. Im Gegensatz zum Skalarprodukt, bei dem man aus der Verknüpfung der beiden Vektoren eine Zahl erhalten hat (deshalb auch der Name), entsteht hier bei der Multiplikation von zwei Vektoren wieder ein Vektor. Das Kreuzprodukt wird deshalb auch oft als Vektorprodukt bezeichnet.

In den allermeisten Fällen werden wir das Kreuzprodukt dafür benötigen, Normalenvektoren für Ebenengleichungen oder spezielle Situationen wie Spiegelungen zu bestimmen. Darauf werden wir später im entsprechenden Kapitel über Ebenen eingehen.

Aufgrund der geometrischen Bedeutung des Kreuzprodukts kann man mit seiner Hilfe allerdings auch Formeln zur Berechnung von bestimmten Flächen und Volumina entwickeln. Diese werden zwar meist nicht eingesetzt, weil z.B. eine Dreiecksfläche oder ein Pyramidenvolumen mit den bekannten Größen einfacher berechnet werden kann.

In manchen Fällen sind sie allerdings doch hilfreich und du solltest deshalb wissen, dass es diese Formeln gibt und wie man sie einsetzt.

Zumindest die Flächenformel darf man ruhig auch auswendig kennen, sie könnte in einem Teil A durchaus einmal vorkommen.

Was natürlich das Wichtigste ist: beim Berechnen von Kreuzprodukten musst du absolut sicher sein. Das gelingt wie immer durch ausreichende Übung.


**Tipps für den Fernsehabend:**

- *Das Kreuzprodukt*
- *Die geometrische Bedeutung des Kreuzprodukts*
- *Volumenformeln mit dem Kreuzprodukt*

## Was gehört auf den Merkzettel?

- Wie berechne ich ein Kreuzprodukt?

- Geometrische Bedeutung:

  $\vec{a} \times \vec{b}$ ist ein Vektor, der senkrecht auf $\vec{a}$ **und** auf $\vec{b}$ steht.

  $\vec{a}, \vec{b}$ und $\vec{a} \times \vec{b}$ bilden in dieser Reihenfolge ein „Rechtssystem"
  (rechte-Hand-Regel).

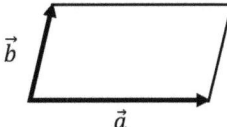

$$|\vec{a} \times \vec{b}| \quad \widehat{=} \quad \text{Parallelogrammfläche}$$

- Flächeninhalt des von $\vec{a}$ und $\vec{b}$ aufgespannten Dreiecks:

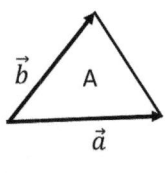

$$\boxed{A = \tfrac{1}{2}|\vec{a} \times \vec{b}|}$$

- Volumen des von $\vec{a}$, $\vec{b}$ und $\vec{c}$ aufgespannten Spats:

$$\boxed{V = |\,\vec{a} \circ (\vec{b} \times \vec{c})|}$$

  Volumen der von $\vec{a}$, $\vec{b}$ und $\vec{c}$ aufgespannten Pyramide:

$$\boxed{V = \tfrac{1}{6}|\,\vec{a} \circ (\vec{b} \times \vec{c})|}$$

## 4.2 Aufgaben

Hier kommt gleich einmal ein Beispiel für ein Dreieck, bei dem der Flächeninhalt nicht so einfach aus bereits bekannten Größen berechnet werden kann:

**2018 B1**

Auf einem Spielplatz wird ein dreieckiges Sonnensegel errichtet, um einen Sandkasten zu beschatten. Hierzu werden an drei Ecken des Sandkastens Metallstangen im Boden befestigt, an deren Ende das Sonnensegel fixiert wird.

In einem kartesischen Koordinatensystem stellt die $x_1x_2$-Ebene den horizontalen Boden dar. Der Sandkasten wird durch das Rechteck mit den Eckpunkten $K_1(0|4|0)$, $K_2(0|0|0)$, $K_3(3|0|0)$ und $K_4(3|4|0)$ beschrieben. Das Sonnensegel wird durch das ebene Dreieck mit den Eckpunkten $S_1(0|6|2{,}5)$, $S_2(0|0|3)$ und $S_3(6|0|2{,}5)$ dargestellt (vgl. Abbildung 1). Eine Längeneinheit im Koordinatensystem entspricht einem Meter in der Realität.

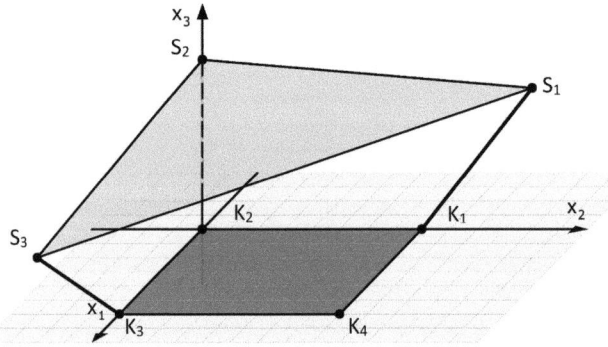

Abb. 1

[3] b) Der Hersteller des Sonnensegels empfiehlt, die verwendeten Metallstangen bei einer Segelfläche von mehr als $20m^2$ durch zusätzliche Sicherungsseile zu stabilisieren. Beurteilen Sie, ob eine solche Sicherung aufgrund dieser Empfehlung in der vorliegenden Situation nötig ist.

Beim nächsten Dreieck lässt sich der Flächeninhalt über drei verschiedene Wege berechnen. Ganz gut, um einmal einen Vergleich und
Überblick zu erhalten:

**2014 B1**

In einem kartesischen Koordinatensystem legen die Punkte $A(4|0|0)$,
$B(0|4|0)$ und $C(0|0|4)$ das Dreieck ABC fest, das in der Ebene
$E : x_1 + x_2 + x_3 = 4$ liegt.

a) Bestimmen Sie den Flächeninhalt des Dreiecks ABC.                   [3]

In der folgenden Aufgabe soll ein Pyramidenvolumen berechnet werden. In den meisten Fällen wird man das über die Grundfläche und
Höhe machen. Hier liegt eine Ausnahme vor, weil man im Verlauf der
Teilaufgaben alle Seitenkanten bestimmt, die auch zur Volumenbe-
stimmung mit Hilfe des Kreuzprodukts benötigt werden.

**2011 II**

In einem kartesischen Koordinatensystem sind die Punkte $A(1|7|3)$,
$B(6|-7|1)$ und $C(-2|1|-3)$ gegeben.

a) Weisen Sie nach, dass die Punkte A, B und C ein rechtwinkli-  [4]
ges Dreieck festlegen, dessen Hypotenuse die Strecke [AB] ist und
dessen kürzere Kathete die Länge 9 hat.

b) Alle Punkte C* im Raum, die zusammen mit A und B ein zum  [6]
Dreieck ABC kongruentes Dreieck festlegen, bilden zwei gleich
große Kreise. Beschreiben Sie (z.B. durch eine Skizze) die Lage
der beiden Kreise bezüglich der Strecke [AB] und ermitteln Sie
den Radius der beiden Kreise.

Das Dreieck ABC aus Aufgabe a ist die Grundfläche einer dreiseitigen
Pyramide ABCS mit der Spitze $S(11,5|4|-6)$.

d) Berechnen Sie die Größe des Neigungswinkels der Seitenkante [BS]  [7]
gegen die Ebene E sowie das Volumen V der Pyramide.

*(Teilergebnis: V = 216)*

Bemerkung:
Bei d) entspricht die Ebene E der Ebene, in der ABC liegt. Den Winkel,
den die Seitenkante [BS] mit dieser einschließt, können wir hier noch nicht
vernünftig berechnen. Den Vektor $\overrightarrow{BS}$, den wir dann auch für das Volumen
verwenden, kannst du aber trotzdem bestimmen.

## 4.3 Lösungen

**Lösung zu 2018 B1:**

b) Weil das Dreieck nicht rechtwinklig ist und schräg im Raum liegt (sieht man an den verschiedenen $x_3$-Koordinaten der Eckpunkte), kann man Grundlinie und Höhe nicht so einfach ablesen. Weil noch dazu zwei Seitenvektoren aus a) bekannt sind, ist in der Situation das Kreuzprodukt ein gutes Hilfsmittel. Für die Seitenvektoren gilt z.B.:

$$\overrightarrow{S_2S_3} = \begin{pmatrix} 6 \\ 0 \\ 2,5 \end{pmatrix} - \begin{pmatrix} 0 \\ 0 \\ 3 \end{pmatrix} = \begin{pmatrix} 6 \\ 0 \\ -0,5 \end{pmatrix} \text{ und analog } \overrightarrow{S_2S_1} = \begin{pmatrix} 0 \\ 6 \\ -0,5 \end{pmatrix}$$

Die Fläche des Dreiecks berechnet sich dann mit

$$A = \frac{1}{2} |\overrightarrow{S_2S_3} \times \overrightarrow{S_2S_1}| = \frac{1}{2} \left| \begin{pmatrix} 6 \\ 0 \\ -0,5 \end{pmatrix} \times \begin{pmatrix} 0 \\ 6 \\ -0,5 \end{pmatrix} \right| = \frac{1}{2} \left| \begin{pmatrix} 3 \\ 3 \\ 36 \end{pmatrix} \right| =$$

$$= \frac{1}{2} \sqrt{9 + 9 + 1296} \approx 18$$

Die Fläche ist also kleiner als $20m^2$, demnach sind keine zusätzlichen Sicherungsseile notwendig.

**Lösung zu 2014 B1:**

a) Anhand der Koordinaten sieht man, dass die Eckpunkte alle auf den Koordinatenachsen liegen und deshalb das Dreieck eine besondere Lage und vielleicht auch Form besitzt. Am besten macht man sich zunächst eine Skizze:

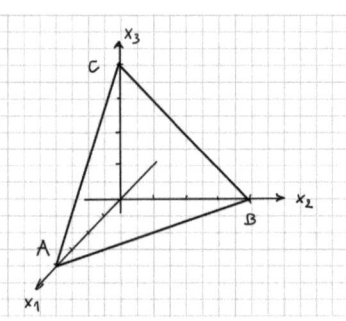

Anhand der Skizze kann man die Vektoren, die die Seiten des Dreiecks bilden, leicht ablesen, z.B.:

$$\overrightarrow{AB} = \begin{pmatrix} -4 \\ 4 \\ 0 \end{pmatrix} \quad \text{und} \quad \overrightarrow{AC} = \begin{pmatrix} -4 \\ 0 \\ 4 \end{pmatrix}$$

Der Flächeninhalt berechnet sich dann zu

$$A_{ABC} = \frac{1}{2}|\overrightarrow{AB} \times \overrightarrow{AC}| = \frac{1}{2} \left| \begin{pmatrix} -4 \\ 4 \\ 0 \end{pmatrix} \times \begin{pmatrix} -4 \\ 0 \\ 4 \end{pmatrix} \right| = \frac{1}{2} \left| \begin{pmatrix} 16 \\ 16 \\ 16 \end{pmatrix} \right| =$$

$$= \frac{1}{2} \cdot 16 \cdot \sqrt{3} = 8\sqrt{3}$$

Alternativ könnte man auch sehen, dass das Dreieck ein gleichseitiges Dreieck ist und demnach die Höhe der Seitenhalbierenden entspricht:

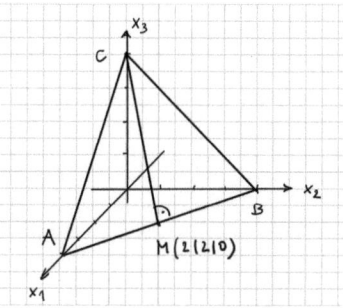

Die Koordinaten von M liest man ab (sollte man sehen...), braucht man noch die Länge der Grundlinie und Höhe:

$$g = |\overrightarrow{AB}| = \left| \begin{pmatrix} -4 \\ 4 \\ 0 \end{pmatrix} \right| = \sqrt{32} \quad \text{und} \quad h = |\overrightarrow{MC}| = \left| \begin{pmatrix} -2 \\ -2 \\ 4 \end{pmatrix} \right| = \sqrt{24}$$

Damit ergibt sich $A_{ABC} = \frac{1}{2} \cdot \sqrt{32} \cdot \sqrt{24} = 8\sqrt{3}$.

Die dritte Möglichkeit: Wenn man weiß, dass bei einem gleichseitigen Dreieck mit der Seitenlänge a die Höhe den Wert $\frac{a}{2}\sqrt{3}$ besitzt, geht es noch etwas schneller:

Dann ergibt sich $A_{ABC} = \dfrac{1}{2} \cdot \sqrt{32} \cdot \dfrac{\sqrt{32}}{2}\sqrt{3} = \dfrac{32}{4}\sqrt{3} = 8\sqrt{3}.$

Was du vielleicht siehst:

So manches Zusatzwissen wie das über die Höhe im gleichseitigen Dreieck ist manchmal nicht zu verachten. Weiter ist es immer hilfreich, sich eine kleine Skizze zu machen!

Welche der drei Möglichkeiten man hier letztlich wählt, kommt immer auch darauf an, was man in der Situation am schnellsten sieht. Es bringt auch nichts, zu viel Zeit darauf zu verwenden, immer nach dem schnellsten Lösungsweg zu suchen. Da solltest du vielleicht einen pragmatischen Mittelweg beschreiten.

**Lösung zu 2011 II:**

a) Weil nicht bekannt ist, welche Seite die Hypotenuse ist, kann man nicht sonderlich gezielt vorgehen. Den rechten Winkel kann man entweder über den Satz des Pythagoras oder das Skalarprodukt nachweisen. Für beide Wege benötigt man die entsprechenden Seitenvektoren. Zusätzlich muss die Länge der kürzeren Kathete bestimmt werden, also berechnen wir mal alle Seitenlängen:

$$\overrightarrow{AB} = \begin{pmatrix} 6 \\ -7 \\ 1 \end{pmatrix} - \begin{pmatrix} 1 \\ 7 \\ 3 \end{pmatrix} = \begin{pmatrix} 5 \\ -14 \\ -2 \end{pmatrix} \Rightarrow |\overrightarrow{AB}| = 15$$

$$\overrightarrow{AC} = \begin{pmatrix} -2 \\ 1 \\ -3 \end{pmatrix} - \begin{pmatrix} 1 \\ 7 \\ 3 \end{pmatrix} = \begin{pmatrix} -3 \\ -6 \\ -6 \end{pmatrix} \Rightarrow |\overrightarrow{AC}| = 9$$

$$\overrightarrow{BC} = \begin{pmatrix} -2 \\ 1 \\ -3 \end{pmatrix} - \begin{pmatrix} 6 \\ -7 \\ 1 \end{pmatrix} = \begin{pmatrix} -8 \\ 8 \\ -4 \end{pmatrix} \Rightarrow |\overrightarrow{BC}| = 12$$

Damit können wir den rechten Winkel nachweisen, denn es gilt:
$9^2 + 12^2 = 81 + 144 = 225 = 15^2$
(Umkehrung des Satzes von) Pythagoras $\Rightarrow$ rechtwinkliges Dreieck
Weiter ist damit auch gezeigt, dass [AB] als längste Seite die Hypotenuse von ABC ist und [AC] als kürzere Kathete die Länge 9 besitzt.

b) Skizze:

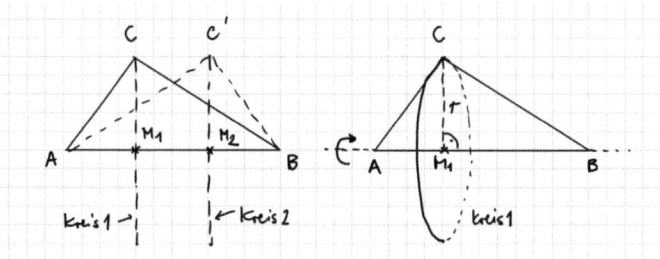

Man muss sich das Ganze räumlich vorstellen: Wenn die Punkte A und B gleich bleiben sollen, kann man das Dreieck nur noch um die Gerade AB drehen. Dabei bewegt sich der Punkt C natürlich auf einem Kreis, der senkrecht zur Strecke [AB] und dessen Mittelpunkt M auf [AB] liegt. Du kannst das auch mit deinem Geodreieck ausprobieren: die beiden äußeren Ecken (mit 45°-Winkel) wären dann die Drehpunkte A und B.

Den zweiten Kreis erhält man durch das kongruente Dreieck ABC'. Der Radius der Kreise entspricht der zugehörigen Höhe im Dreieck ABC. Die berechnet man am einfachsten aus der Fläche, weil das Dreieck rechtwinklig und die Fläche damit schnell zu bestimmen ist:

$$A_\triangle = \frac{1}{2} \cdot 9 \cdot 12 = 54$$

Aus $A_\triangle = \frac{1}{2} \cdot g \cdot h$  folgt dann   $h = \frac{2 \cdot A_\triangle}{g} = \frac{2 \cdot 54}{15} = 7,2$.

Die Alternative wäre gewesen, den Abstand des Punktes C von der Geraden AB zu berechnen. Dafür gibt es ein Verfahren, das wir später kennenlernen werden. Das ist aber deutlich aufwändiger als der Weg über die einfach zu bestimmende Fläche und sollte deshalb nur angewendet werden, wenn kein anderer leichter Weg möglich ist.

d) Den Vektor $\overrightarrow{BS}$ hat man aus der Berechnung des Winkels schon vorliegen, deshalb lässt sich das Pyramidenvolumen jetzt am schnellsten mit Hilfe der Volumenformel erhalten:

$$V = \frac{1}{6} |\overrightarrow{BS} \circ (\overrightarrow{BA} \times \overrightarrow{BC})| = \frac{1}{6} \left| \begin{pmatrix} 5,5 \\ 11 \\ -7 \end{pmatrix} \circ \left[ \begin{pmatrix} -5 \\ 14 \\ 2 \end{pmatrix} \times \begin{pmatrix} -8 \\ 8 \\ -4 \end{pmatrix} \right] \right| =$$

$$= \frac{1}{6} \left| \begin{pmatrix} 5,5 \\ 11 \\ -7 \end{pmatrix} \circ \begin{pmatrix} -56-16 \\ -16-20 \\ -40+112 \end{pmatrix} \right| = \frac{1}{6} \left| -396-396-504 \right| = \frac{1}{6} \cdot 1296 = 216$$

Welche Vektoren man zur Berechnung verwendet, ist nicht entscheidend. Am besten schaut man, welche man schon zur Verfügung hat. Auch die Reihenfolge ist nicht zwingend vorgegeben, man könnte ja jede beliebige Seitenfläche der Pyramide als Grundfläche für die Volumenberechnung verwenden.

Wichtig ist aber, dass alle drei Vektoren von einem Punkt ausgehen, in diesem Fall wäre das der Punkt B.

# 5 Kugeln

## 5.1 Grundlagen

Die Kugel ist das erste geometrische Objekt, das mit Hilfe der Methoden der analytischen Geometrie behandelt wird. Im weiteren Verlauf werden da noch die Gerade und die Ebene dazukommen. Die Idee, das Objekt mit Hilfe einer Gleichung als Punktmenge zu beschreiben, ist dabei in allen Fällen die gleiche. Falls dir das noch nicht so geläufig ist, lohnt es sich, das im unten aufgeführten Video noch einmal genauer anzuschauen.

In diesem Kapitel wird zunächst einmal mit Hilfe der Kugelgleichung untersucht, ob sich Punkte auf einer Kugel befinden oder nicht oder wie Kugeln zueinander oder im Koordinatensystem liegen. In später folgenden Kapiteln werden dann auch Schnittprobleme von Kugeln mit Geraden und Ebenen untersucht.

Was hier aber schon einmal sehr gut geübt werden kann, ist die geometrische Vorstellung.

**Tipps für den Fernsehabend:**

- *Die Kugelgleichung*

**Was gehört auf den Merkzettel?**

- Eine Kugel mit Mittelpunkt M$(m_1|m_2|m_3)$ und Radius r wird beschrieben durch die Kugelgleichung

$$\boxed{(x_1 - m_1)^2 + (x_2 - m_2)^2 + (x_3 - m_3)^2 = r^2}$$

- Punkte, deren Koordinaten $x_1, x_2, x_3$ die Kugelgleichung erfüllen, liegen auf der Kugel.
  (Beachte: Die Kugel besteht nur aus den Punkten der Kugeloberfläche!)

- Für $|\overrightarrow{MP}| > r$ liegt P außerhalb der Kugel, für $|\overrightarrow{MP}| < r$ innerhalb (also auf derselben Seite wie M).

## 5.2 Aufgaben

### 2014 A2 Aufgabe 2

Eine Kugel besitzt den Mittelpunkt $M(-3|2|7)$. Der Punkt $P(3|4|4)$ liegt auf der Kugel.

[3] a) Der Punkt Q liegt ebenfalls auf der Kugel, die Strecke [PQ] verläuft durch deren Mittelpunkt. Ermitteln Sie die Koordinaten von Q.

[2] b) Weisen Sie nach, dass die Kugel die $x_1x_2$-Ebene berührt.

### 2020 A1

Die Strecke [PQ] mit den Endpunkten $P(8|-5|1)$ und Q ist Durchmesser einer Kugel mit Mittelpunkt $M(5|-1|1)$.

[3] a) Berechnen Sie die Koordinaten von Q und weisen Sie nach, dass der Punkt $R(9|-1|4)$ auf der Kugel liegt.

[2] b) Begründen Sie ohne weitere Rechnung, dass das Dreieck PQR bei R rechtwinklig ist.

### 2019 A2 Aufgabe 1

Gegeben sind die beiden Kugeln $k_1$ mit Mittelpunkt $M_1(1|2|3)$ und Radius 5 sowie $k_2$ mit Mittelpunkt $M_2(-3|-2|1)$ und Radius 5.

[2] a) Zeigen Sie, dass sich $k_1$ und $k_2$ schneiden.

[3] b) Die Schnittfigur von $k_1$ und $k_2$ ist ein Kreis. Bestimmen Sie die Koordinaten des Mittelpunkts und den Radius dieses Kreises.

# 5.3 Lösungen

**Lösung zu 2014 A2 Aufgabe 2:**

a) Skizze:

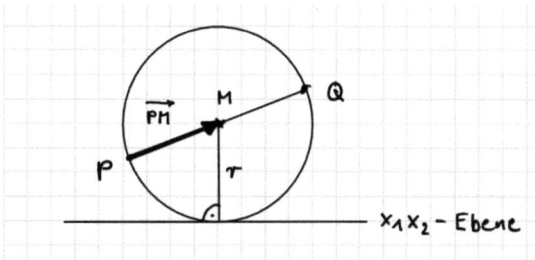

Für Q gilt:

$$\vec{Q} = \vec{M} + \overrightarrow{PM} = \begin{pmatrix} -3 \\ 2 \\ 7 \end{pmatrix} + \begin{pmatrix} -3-3 \\ 2-4 \\ 7-4 \end{pmatrix} = \begin{pmatrix} -3 \\ 2 \\ 7 \end{pmatrix} + \begin{pmatrix} -6 \\ -2 \\ 3 \end{pmatrix} = \begin{pmatrix} -9 \\ 0 \\ 10 \end{pmatrix}$$

$$\Rightarrow Q(-9|0|10)$$

b) Wenn die Kugel die $x_1x_2$-Ebene berühren soll, muss M genau im Abstand r über der $x_1x_2$-Ebene liegen (siehe Skizze). Das ist genau dann der Fall, wenn die $x_3$-Koordinate $m_3$ von M den Wert r hat. Also müssen wir den Radius der Kugel berechnen:

$$r = \left| \overrightarrow{PM} \right| = \sqrt{(-6)^2 + (-2)^2 + 3^2} = \sqrt{49} = 7 = m_3$$

$$\Rightarrow \text{Die Kugel berührt die } x_1x_2\text{-Ebene.}$$

**Lösung zu 2020 A1:**

a) Skizze:

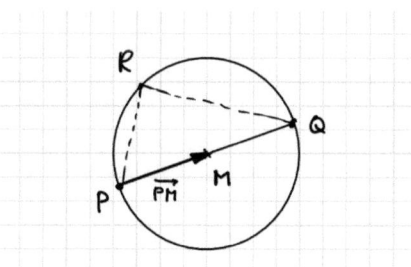

Die Situation ist zunächst einmal die gleiche wie in der vorigen Aufgabe. Für Q gilt wieder:

$$\vec{Q} = \vec{M} + \overrightarrow{PM} = \begin{pmatrix} 5 \\ -1 \\ 1 \end{pmatrix} + \begin{pmatrix} 5-8 \\ -1+5 \\ 1-1 \end{pmatrix} = \begin{pmatrix} 5 \\ -1 \\ 1 \end{pmatrix} + \begin{pmatrix} -3 \\ 4 \\ 0 \end{pmatrix} = \begin{pmatrix} 2 \\ 3 \\ 1 \end{pmatrix}$$

$$\Rightarrow Q(2|3|1)$$

Um nachzuweisen, dass ein Punkt auf einer Kugel liegt, gibt es prinzipiell zwei Wege:

- Man kann die Koordinaten des Punktes in die Kugelgleichung einsetzen und schauen, ob diese die Gleichung erfüllen.

- Man berechnet den Abstand des Punktes vom Mittelpunkt und prüft, ob er gleich dem Kugelradius ist.

Wenn man die Kugelgleichung erst noch bestimmen muss, sind die beiden Wege letztlich fast äquivalent. Bei beiden wird der Radius benötigt:

$$r = \left| \overrightarrow{PM} \right| = \sqrt{(-3)^2 + 4^2 + 0^2} = \sqrt{25} = 5$$

Der Abstand von R zu M berechnet sich mit

$$\left| \overrightarrow{RM} \right| = \left| \begin{pmatrix} 5 \\ -1 \\ 1 \end{pmatrix} - \begin{pmatrix} 9 \\ -1 \\ 4 \end{pmatrix} \right| = \left| \begin{pmatrix} -4 \\ 0 \\ -3 \end{pmatrix} \right| = \sqrt{(-4)^2 + 0^2 + (-3)^2} = 5$$

Diese Abstandsberechnung entspricht der linken Seite der Kugelgleichung. Wir sehen, dass sich als Abstand tatsächlich der Radius ergibt, also liegt R auf der Kugel.

b) Bei rechtem Winkel im Dreieck denkt man wahrscheinlich zuerst an den Satz des Pythagoras. Es soll aber „ohne weitere Rechnung" begründet werden, also scheidet dieser Weg leider aus.
Deshalb muss man etwas tiefer im Mathegedächtnis nachschauen, und das nächste, was du da finden solltest, wäre der Satz des Thales. Das ist allerdings ein Satz für die ebene Geometrie, und als erstes müsste man klarmachen, dass dieser hier überhaupt anwendbar ist. Das geht z.B. so:
Der Schnitt der Kugel mit der Ebene, in der das Dreieck PQR liegt, ist der Kreis mit Mittelpunkt M und Radius r = 5 (siehe Skizze).

Dieser ist der Thaleskreis für das Dreieck PQR mit [PQ] als Durchmesser. ⇒ rechter Winkel bei R

**Lösung zu 2019 A2 Aufgabe 1:**

a) Wenn man zeigen soll, das sich die beiden Kugeln schneiden, fertigt man die Skizze gleich entsprechend an:

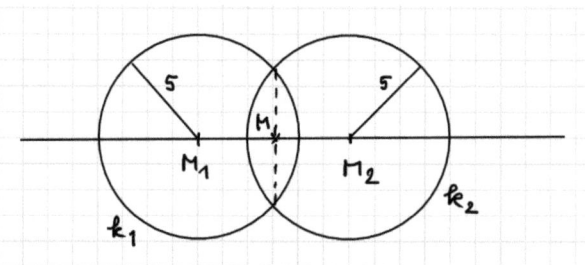

Damit sich die Kugeln schneiden, müssen die Mittelpunkte weniger als $r_1 + r_2 = 5 + 5 = 10$ voneinander entfernt sein. Das prüfen wir rechnerisch nach:

$$\left|\overrightarrow{M_1 M_2}\right| = \left|\begin{pmatrix} -3 \\ -2 \\ 1 \end{pmatrix} - \begin{pmatrix} 1 \\ 2 \\ 3 \end{pmatrix}\right| = \left|\begin{pmatrix} -4 \\ -4 \\ -2 \end{pmatrix}\right| =$$

$$= \sqrt{(-4)^2 + (-4)^2 + (-2)^2} = \sqrt{36} = 6$$

⇒ Die beiden Kugeln schneiden sich.

b) Wichtig ist hier wieder die geometrische Vorstellung: Der Schnittkreis der beiden Kugeln liegt in einer Ebene, die senkrecht auf der Verbindungsgeraden der beiden Mittelpunkte steht (siehe Skizze). Damit ist der Mittelpunkt M des Schnittkreises einfach der Mittelpunkt der Strecke $[M_1 M_2]$ (das gilt aber nur, wenn die beiden Radien gleich sind!):

$$\overrightarrow{M} = \frac{1}{2}(\overrightarrow{M_1} + \overrightarrow{M_2}) = \frac{1}{2}\left[\begin{pmatrix} 1 - 3 \\ 2 - 2 \\ 3 + 1 \end{pmatrix}\right] = \begin{pmatrix} -1 \\ 0 \\ 2 \end{pmatrix}$$

Für den Radius r des Schnittkreises gibt es keinen allgemeinen Ansatz. Deshalb: in der Skizze den gesuchten Radius eintragen und schauen, ob man nützliche Zusammenhänge findet. Auch immer wichtig: bekannte Größen wie hier den Kugelradius 5 ins Spiel bringen.

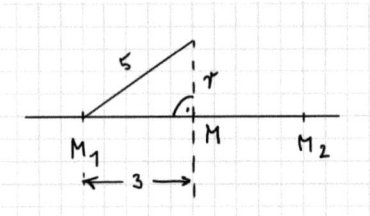

Damit ergibt sich ein rechtwinkliges Dreieck, womit r mit Hilfe des Satzes von Pythagoras leicht berechnet werden kann:

(Die Streckenlänge von $[M_1M]$ ist wegen der beiden gleich großen Kugeln die Hälfte der Länge von $[M_1M_2]$.)

$$r = \sqrt{5^2 - \left|\overrightarrow{M_1M}\right|^2} = \sqrt{5^2 - 3^2} = 4$$

# 6 Geraden

## 6.1 Grundlagen

Die Gerade ist nach der Kugel das zweite geometrische Objekt, das mit Hilfe der Vektorrechnung dargestellt wird. Allerdings ist die Gerade zusammen mit der Ebene bei weitem wichtiger als die Kugel, so dass man sagen kann, dass die Analytische Geometrie eigentlich jetzt erst so richtig beginnt.

In diesem Kapitel geht es zunächst darum, wie man eine Gerade aufstellt, wie zwei Geraden zueinander liegen können und wie man spezielle Punkte auf Geraden bestimmen kann. Ausschließlich dazu gibt es allerdings nicht ganz so viele Aufgaben.

Wesentlich häufiger werden Geraden im Bezug zu Ebenen behandelt, was wir uns dann in den nächsten Kapiteln anschauen werden.

**Tipps für den Fernsehabend:**

- *Die Geradengleichung*
- *Lagebeziehungen von Geraden*

## Was gehört auf den Merkzettel?

- Eine Gerade g im $\mathbb{R}^3$ wird beschrieben durch einen **Aufpunkt A** und einen **Richtungsvektor** $\overrightarrow{v}$

$$\boxed{\text{g:} \quad \overrightarrow{X} = \overrightarrow{A} + \lambda \cdot \overrightarrow{v}}$$

- Ein Punkt P liegt auf einer Geraden, wenn seine Koordinaten $(p_1|p_2|p_3)$ die Geradengleichung erfüllen.

- Zwei Geraden sind parallel oder identisch, wenn ihre Richtungsvektoren Vielfache voneinander sind:

$$\overrightarrow{u} = k \cdot \overrightarrow{v}$$

- Untersuchung der Lagebeziehung von zwei Geraden:
  - Zuerst prüft man, ob sie parallel oder identisch sind.
  - Falls das nicht der Fall ist, setzt man ihre Gleichungen gleich und löst das Gleichungssystem.
    Ist es lösbar, erhält man einen Schnittpunkt. Wenn nicht, sind die Geraden windschief.

- „allgemeiner Geradenpunkt":

  Wenn ein unbekannter Punkt P auf einer Geraden bestimmt werden soll, dann setzt man seinen Ortsvektor oft so an:

$$\overrightarrow{P} = \begin{pmatrix} p_1 \\ p_2 \\ p_3 \end{pmatrix} = \begin{pmatrix} a_1 + \lambda v_1 \\ a_2 + \lambda v_2 \\ a_3 + \lambda v_3 \end{pmatrix}$$

# 6.2 Aufgaben

Die ersten Aufgaben aus dem A-Teil prüfen wie so oft die Grundfertigkeiten ab. Bei beiden Aufgaben hilfreich: eine Skizze!

### 2017 A1 Aufgabe 1

Gegeben sind die Punkte $A(2|1|-4)$, $B(6|1|-12)$ und $C(0|1|0)$.

a) Weisen Sie nach, dass der Punkt C auf der Geraden AB, nicht [3] aber auf der Strecke [AB] liegt.

b) Auf der Strecke [AB] gibt es einen Punkt D, der von B dreimal so [2] weit entfernt ist wie von A. Bestimmen Sie die Koordinaten von D.

### 2016 A1 Aufgabe 2

Gegeben sind die Punkte $A(-2|1|4)$ und $B(-4|0|6)$.

a) Bestimmen Sie die Koordinaten des Punkts C so, dass gilt: [2] $\overrightarrow{CA} = 2 \cdot \overrightarrow{AB}$.

b) Durch die Punkte A und B verläuft die Gerade g. [3] Betrachtet werden Geraden, für welche die Bedingungen I und II gelten:

   I Jede dieser Geraden schneidet die Gerade g orthogonal.

   II Der Abstand jeder dieser Geraden vom Punkt A beträgt 3.

Ermitteln Sie eine Gleichung für eine dieser Geraden.

Den ersten Teil der nächsten Aufgabe haben wir schon im Kapitel 3 bei den Winkeln behandelt. Weil wir die Maße wieder benötigen, gebe ich die entsprechende Aufgabenstellung noch einmal an.
Hier begegnet uns ein Problem, für das du auf jeden Fall eine Strategie kennen solltest: Wie geht man von einem bestimmten Punkt auf einer Geraden eine bestimmte Länge in Geradenrichtung weiter? Dazu hilfreich: der Einheitsvektor.

### 2013 I

Ein auf einer horizontalen Fläche stehendes Kunstwerk besitzt einen Grundkörper aus massivem Beton, der die Form eines Spats hat. Alle

Seitenflächen eines Spats sind Parallelogramme.

In einem Modell lässt sich der Grundkörper durch einen Spat ABCDPQRS mit A(28|0|0), B(28|10|0), D(20|0|6) und P(0|0|0) beschreiben (vgl. Abbildung). Die rechteckige Grundfläche ABQP liegt in der $x_1x_2$-Ebene. Im Koordinatensystem entspricht eine Längeneinheit 0,1m, d.h. der Grundkörper ist 0,6m hoch.

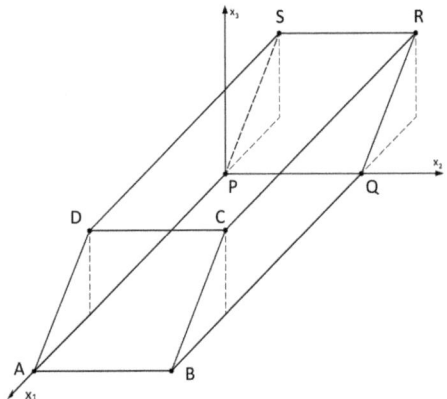

Der Grundkörper ist mit einer dünnen geradlinigen Bohrung versehen, die im Modell vom Punkt H(11|3|6) der Deckfläche DCRS aus in Richtung des Schnittpunkts der Diagonalen der Grundfläche verläuft. In der Bohrung ist eine gerade Stahlstange mit einer Länge von 1,4m so befestigt, dass die Stange zu drei Vierteln ihrer Länge aus der Deckfläche herausragt.

[7] g) Bestimmen Sie im Modell eine Gleichung der Geraden h, entlang derer die Bohrung verläuft, sowie die Koordinaten des Punkts, in dem die Stange in der Bohrung endet.

$$\left(\textit{zur Kontrolle: möglicher Richtungsvektor von h:} \begin{pmatrix} 3 \\ 2 \\ -6 \end{pmatrix}\right)$$

In der Abiturprüfung von 2013 wurde letztmals die Aufgabe gestellt, den Schnittpunkt zweier Geraden zu bestimmen. Obwohl der Trend wohl dahin geht, auf solche eher rechenlastigen Aufgaben zu Gunsten von Anschauungsaufgaben zu verzichten, sollte man dieses Verfahren trotzdem beherrschen.

Teilaufgaben b und c sind dafür zum Ausgleich sehr modern, hier wird auf jegliche Rechenwege verzichtet. Bei einer möglichen Lösung von c ist das Konzept des „allgemeinen Geradenpunktes" notwendig. Das kommt immer wieder einmal bei verschiedenen Aufgabenstellungen vor und sollte deshalb ebenfalls im Werkzeugkasten verfügbar sein.

## 2013 II Aufgabe 2

In einem kartesischen Koordinatensystem sind die Geraden

$$g: \vec{X} = \begin{pmatrix} 8 \\ 1 \\ 7 \end{pmatrix} + \lambda \cdot \begin{pmatrix} 3 \\ 1 \\ 2 \end{pmatrix}, \lambda \in \mathbb{R}, \text{ und h: } \vec{X} = \begin{pmatrix} -1 \\ 5 \\ -9 \end{pmatrix} + \mu \cdot \begin{pmatrix} 1 \\ -2 \\ 4 \end{pmatrix}, \mu \in \mathbb{R},$$

gegeben. Die Geraden g und h schneiden sich im Punkt T.

a) Bestimmen Sie die Koordinaten von T.                          [4]

(*Ergebnis: T(2|−1|3)*)

b) Geben Sie die Koordinaten zweier Punkte P und Q an, die auf g [2] liegen und von T gleich weit entfernt sind.

c) Zwei Punkte U und V der Geraden h bilden zusammen mit P und [4] Q das Rechteck PUQV. Beschreiben Sie einen Weg zur Ermittlung der Koordinaten von U und V.

weitere Aufgaben zum Üben:

- 2011 G9 VI e): Aufstellen und Schnitt von zwei Geraden

# 6.3 Lösungen

**Lösung zu 2017 A1 Aufgabe1:**

a) Zuerst solltest du eine Skizze anfertigen:

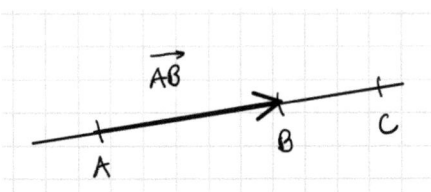

Als Aufpunkt für die Gerade wählt man z.B. A, als Richtungsvektor $\overrightarrow{AB}$. Damit ergibt sich die Geradengleichung:

$$\overrightarrow{X} = \begin{pmatrix} 2 \\ 1 \\ -4 \end{pmatrix} + \lambda \cdot \begin{pmatrix} 4 \\ 0 \\ -8 \end{pmatrix}$$

Um nachzuweisen, dass C auf einer Geraden liegt, setzt man die Koordinaten von C in die Gleichung ein und versucht, den Parameter $\lambda$ so zu bestimmen, dass alle drei Gleichungen erfüllt sind:

$$\begin{pmatrix} 0 \\ 1 \\ 0 \end{pmatrix} = \begin{pmatrix} 2 \\ 1 \\ -4 \end{pmatrix} + \lambda \cdot \begin{pmatrix} 4 \\ 0 \\ -8 \end{pmatrix}$$

Die Gleichung für die $x_2$-Koordinate ist immer erfüllt. Aus der ersten Gleichung

$$0 = 2 + \lambda \cdot 4 \quad \text{folgt} \quad \lambda = -0,5.$$

Damit ist dann auch die dritte Gleichung erfüllt:

$$0 = -4 + (-0,5) \cdot (-8)$$

und somit ist nachgewiesen, dass C auf AB liegt.

Weil $\lambda$ negativ ist, muss C links von A (also entgegen der Richtung von $\overrightarrow{AB}$) liegen. (Zum Zeitpunkt der Skizze kann man das natürlich noch nicht wissen.) Damit kann sich C nicht auf der Strecke [AB] befinden.

Wenn C auf [AB] liegen würde, dann hätte für $\lambda$ ein Wert zwischen 0 und 1 herauskommen müssen.

b) Auch hier zuerst eine Skizze, die man jetzt aber so zeichnet, wie die Situation beschrieben ist:

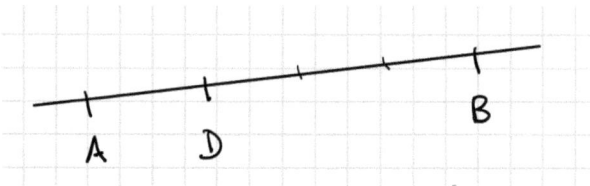

Wichtig: D liegt *auf der Strecke* [AB], d.h. zwischen den Punkten A und B! Für D gilt dann z.B.:

(Beachte: Nach Aufgabenstellung ist [DB] dreimal so lang wie [AD]!)

$$\vec{D} = \vec{A} + \frac{1}{4} \cdot \vec{AB} = \begin{pmatrix} 2 \\ 1 \\ -4 \end{pmatrix} + \frac{1}{4} \cdot \begin{pmatrix} 4 \\ 0 \\ -8 \end{pmatrix} = \begin{pmatrix} 2 \\ 1 \\ -4 \end{pmatrix} + \begin{pmatrix} 1 \\ 0 \\ -2 \end{pmatrix} = \begin{pmatrix} 3 \\ 1 \\ -6 \end{pmatrix}$$

D besitzt also die Koordinaten $(3|1|-6)$.

Andere mögliche Ansätze: $\vec{AB} = 4 \cdot \vec{AD}$   oder   $\vec{DB} = 3 \cdot \vec{AD}$.

Hier müsste man dann noch jeweils nach $\vec{D}$ auflösen, indem man die Differenzvektoren ausschreibt (siehe nächste Aufgabe). Ist aber sicher der etwas umständlichere Weg.

Deshalb: Versuche immer, den gesuchten Ortsvektor direkt aufzustellen.

**Lösung zu 2016 A1 Aufgabe 2:**

a) Skizze:

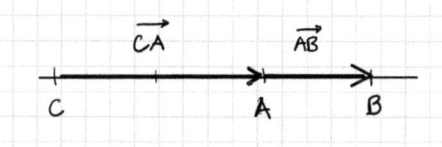

Anhand der Skizze solltest du sehen:

$$\vec{C} = \vec{A} - 2 \cdot \vec{AB} = \begin{pmatrix} -2 \\ 1 \\ 4 \end{pmatrix} - 2 \cdot \begin{pmatrix} -2 \\ -1 \\ 2 \end{pmatrix} = \begin{pmatrix} 2 \\ 3 \\ 0 \end{pmatrix}$$

$$\Rightarrow C(2|3|0)$$

Man hätte natürlich auch den gegebenen Ansatz nach $\vec{C}$ auflösen können:

$$
\begin{aligned}
\overrightarrow{CA} &= 2 \cdot \overrightarrow{AB} \\
\vec{A} - \vec{C} &= 2\vec{B} - 2\vec{A} \\
-\vec{C} &= 2\vec{B} - 3\vec{A} \quad \text{und damit} \\
\vec{C} &= 3\vec{A} - 2\vec{B} = \dots
\end{aligned}
$$

Wäre wie bei der vorigen Aufgabe auch hier der etwas längere Weg. Deshalb lohnt sich eine Skizze fast immer!

b) Als Aufpunkt der gesuchten Geraden benötigen wir einen Punkt, der von A den Abstand 3 hat.

Dazu bestimmt man zuerst einmal den Betrag des Richtungsvektors:

$$|\overrightarrow{AB}| = \sqrt{(-2)^2 + (-1)^2 + (2)^2} = \sqrt{9} = 3$$

Das ist jetzt natürlich sehr praktisch: um einen Punkt mit Abstand 3 von A zu erhalten, müssen wir von A aus nur den Vektor $\overrightarrow{AB}$ weitergehen und landen damit bei B.

Wie man vorgeht, wenn die Situation nicht so einfach ist, siehst du in der nächsten Aufgabe.

Fehlt noch der Richtungsvektor: Der muss senkrecht auf $\overrightarrow{AB}$ stehen. Es muss also gelten:

$$\begin{pmatrix} x_1 \\ x_2 \\ x_3 \end{pmatrix} \circ \begin{pmatrix} -2 \\ -1 \\ 2 \end{pmatrix} = 0$$

Trick: eine Koordinate Null setzen, eine 1, die dritte im Kopf ausrechnen:

$$\begin{pmatrix} 0 \\ 2 \\ 1 \end{pmatrix} \circ \begin{pmatrix} -2 \\ -1 \\ 2 \end{pmatrix} = 0$$

Eine mögliche Gleichung für die gesuchte Gerade wäre damit

$$\vec{X} = \begin{pmatrix} -4 \\ 0 \\ 6 \end{pmatrix} + \lambda \cdot \begin{pmatrix} 0 \\ 2 \\ 1 \end{pmatrix}.$$

## Lösung zu 2013 I:

g) möglicher Aufpunkt: H(11|3|6)

möglicher Richtungsvektor: $\overrightarrow{HM}$, wobei M der Schnittpunkt der Diagonalen der Grundfläche ist

Die Koordinaten von M liest du am besten aus der Skizze ab: M(14|5|0). Damit ergibt sich die Geradengleichung

$$h : \vec{X} = \begin{pmatrix} 11 \\ 3 \\ 6 \end{pmatrix} + \lambda \cdot \begin{pmatrix} 3 \\ 2 \\ -6 \end{pmatrix}$$

Es ist geschickt, den Richtungsvektor von H aus in der Richtung zu wählen, in der auch der gesuchte Endpunkt der Stange liegt.

Auch hier hilft eine Skizze zur Veranschaulichung:
Die Stange steckt zu einem Viertel ihrer Länge im Beton. Das sind 0,35m bzw. 3,5 Einheiten.
Der Endpunkt K liegt also auf der Geraden h 3,5 Einheiten von H aus in Richtung M.

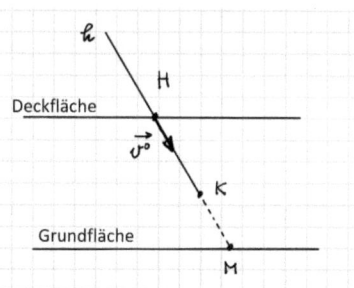

Um eine gewisse Strecke in Richtung einer Geraden zu gelangen, verwendet man den Einheitsvektor des Richtungsvektors:

$$\vec{v}^0 = \frac{1}{|\vec{v}|}\vec{v} = \frac{1}{\sqrt{3^2 + 2^2 + (-6)^2}} \cdot \begin{pmatrix} 3 \\ 2 \\ -6 \end{pmatrix} = \frac{1}{7}\begin{pmatrix} 3 \\ 2 \\ -6 \end{pmatrix}$$

Dieser hat jetzt die Länge 1 und zeigt wie oben erwähnt schon in die gewünschte Richtung, nämlich von H aus zu K.
Weil wir 3,5 Einheiten in dieser Richtung gehen müssen, addieren wir ihn also einfach 3,5 mal zu $\vec{H}$:

$$\vec{K} = \vec{H} + 3,5 \cdot \vec{v}^0 = \begin{pmatrix} 11 \\ 3 \\ 6 \end{pmatrix} + \frac{3,5}{7}\begin{pmatrix} 3 \\ 2 \\ -6 \end{pmatrix} = \begin{pmatrix} 12,5 \\ 4 \\ 3 \end{pmatrix}$$

Also endet die Stange im Punkt K(12,5|4|3).

Bemerkungen:

Nachdem man berechnet hat, dass der Betrag des Richtungsvektors 7 ist hätte man hier auch gleich den halben Richtungsvektor addieren können.

Eine alternative Methode wäre gewesen, die Koordinaten von K als allgemeinen Geradenpunkt aufzustellen und dann die Gleichung $|\overrightarrow{HK}| = 3,5$ zu lösen (zum allgemeinen Geradenpunkt siehe nächste Aufgabe). Ist aber sicher nicht die einfachere Lösung...

## Lösung zu 2013 II Aufgabe 2:

a) Standardansatz: Gleichsetzen der Geradengleichungen und Bestimmung der Werte von $\lambda$ oder $\mu$:

(genauso wie bei der Schnittpunktbestimmung von Graphen in der Analysis, bei der die Funktionsgleichungen gleichgesetzt werden)

$$\begin{pmatrix} 8 \\ 1 \\ 7 \end{pmatrix} + \lambda \cdot \begin{pmatrix} 3 \\ 1 \\ 2 \end{pmatrix} = \begin{pmatrix} -1 \\ 5 \\ -9 \end{pmatrix} + \mu \cdot \begin{pmatrix} 1 \\ -2 \\ 4 \end{pmatrix}$$

Üblicherweise bringt man die Variablen auf die linke, die Konstanten auf die rechte Seite:

$$\lambda \cdot \begin{pmatrix} 3 \\ 1 \\ 2 \end{pmatrix} + \mu \cdot \begin{pmatrix} -1 \\ 2 \\ -4 \end{pmatrix} = \begin{pmatrix} -9 \\ 4 \\ -16 \end{pmatrix}$$

Das sind drei Gleichungen für die beiden Unbekannten $\lambda$ und $\mu$:

| I. | $3\lambda - \mu = -9$ |
|---|---|
| II. | $\lambda + 2\mu = 4$ |
| III. | $2\lambda - 4\mu = -16$ |

Zum Lösen bietet sich das Additionsverfahren an: 2·I + II ergibt

$$7\lambda = -14 \quad \Rightarrow \quad \lambda = -2$$

T erhält man jetzt durch Einsetzen von $\lambda = -2$ in die (richtige!) Geradengleichung:

$$\vec{T} = \begin{pmatrix} 8 \\ 1 \\ 7 \end{pmatrix} - 2 \cdot \begin{pmatrix} 3 \\ 1 \\ 2 \end{pmatrix} = \begin{pmatrix} 2 \\ -1 \\ 3 \end{pmatrix} \quad \Rightarrow \quad T(2|-1|3)$$

Beachte:

Normalerweise müsste vorher noch geprüft werden, ob auch die dritte Gleichung III erfüllt ist. Dazu würde man mit Gleichung I oder II den Wert von $\mu$ bestimmen und beide Parameter in Gleichung III einsetzen oder alternativ nachrechnen, ob die Koordinaten von T auch die zweite Geradengleichung erfüllen.

Hier wissen wir aber laut Aufgabenstellung schon, dass es einen Schnittpunkt gibt und sollen diesen nur noch berechnen, und dazu genügt die Bestimmung von einem Parameter.

b) Einfachste Möglichkeit: man geht von T aus einmal den Richtungsvektor von g weiter zum Punkt Q.
P liegt dann im gleichen Abstand auf der anderen Seite von T, also gilt:

$$\vec{Q} = \vec{T} + \vec{u} \quad \text{und} \quad \vec{P} = \vec{T} - \vec{u}$$

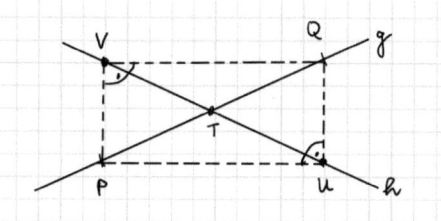

Das ergibt die Koordinaten Q(5|0|5) und P(-1|-2|1).

Nachdem diese nur anzugeben waren, musst du hier keinen Rechenweg hinschreiben.

c) Bei solchen Beschreibungen besteht immer die Frage, wie ausführlich man das machen soll. Da kannst du dich etwas an den zu erreichenden BE orientieren. Bei 4 BE sollte die Beschreibung nicht zu grob sein.

**1. Möglichkeit: mit den Diagonalen**

Beim Rechteck sind die Diagonalen gleich lang. Also muss man von T aus eine Strecke der Länge $|\overrightarrow{TQ}| = |\vec{u}|$ auf der Geraden h gehen. Dies geht wieder mit dem Einheitsvektor $\vec{v}^0$ von $\vec{v}$. Der besitzt die Richtung von $\vec{v}$, aber die Länge 1. Der Weg zur Bestimmung von U und V könnte dann so beschrieben werden:

- Bestimmung von $|\overrightarrow{TQ}| = |\vec{u}|$
- Bestimmung von $\vec{v}^0 = \frac{1}{|\vec{v}|}\vec{v}$
- Die Ortsvektoren von U und V ergeben sich dann mit der Rechnung
  $\vec{T} \pm |\vec{u}| \cdot \vec{v}^0$

**2. Möglichkeit: mit den rechten Winkeln**

Bei U und V müssen rechte Winkel vorliegen. Die Bedingung dafür lässt sich wie immer mit dem Skalarprodukt formulieren.

Die unbekannten Ortsvektoren von U und V kann man dabei als allgemeinen Geradenpunkt ansetzen (U und V sollen ja auf h liegen). Dies ergibt dann eine Gleichung, in der nur noch $\mu$ unbekannt ist.

Mögliche Beschreibung:

- Ortsvektor von U (bzw. V) als allgemeinen Geradenpunkt aufstellen:
$$\vec{U} = \begin{pmatrix} 2 + \mu \\ -1 - 2\mu \\ 3 + 4\mu \end{pmatrix}$$

- es muss gelten: $\overrightarrow{UP} \circ \overrightarrow{UQ} = 0$
- Lösen dieser (quadratischen!) Gleichung ergibt zwei Werte für $\mu$
- die $\mu$-Werte in die Geradengleichung von h eingesetzt ergibt die beiden gesuchten Ortsvektoren

# 7 Ebenen

## 7.1 Grundlagen

Die Ebene ist zusammen mit der Gerade der zentrale Inhalt der Abiturprüfung in Geometrie.

Grundaufgaben sind das Aufstellen von Ebenengleichungen und die gegenseitige Umwandlung der Ebenenformen, wobei das Aufstellen einer Parameterform aus der Koordinatenform selten vorkommt. Auch das Erkennen spezieller Lagen im Koordinatensystem gehört dazu, und zwar aus beiden Ebenenformen.

Die gegenseitige Lage von zwei Ebenen ist häufig Thema, ebenso der Schnittwinkel zwischen Ebenen. Die Bestimmung der Schnittgeraden kam lange nicht mehr vor, kann man aber trotzdem nicht guten Gewissens ausschließen.

Bei den Bezeichnungen der Ebenenformen hat sich seit 2021 etwas geändert. Bisher wurde auch die Koordinatengleichung der Ebene in den Aufgabenstellungen als „Normalenform" bezeichnet, während man jetzt konsequent die Begriffe „Parameterform", „Normalenform" und „Koordinatenform" verwenden will. Wenn du also in Zukunft eine Ebene in Koordinatenform aufstellen sollst, müsste das auch genau so dastehen.

**Tipps für den Fernsehabend:**

- *Die Ebenengleichung in Parameterform*
- *Ebenengleichung aus gegebenen Punkten aufstellen*
- *Normalen- und Koordinatenform der Ebene*
- *Die Ebenengleichung in Normalenform*
- *Die Ebenengleichung in Koordinatenform*
- *Von der Parameter- zur Koordinatenform*
- *Lagebeziehungen von zwei Ebenen*
- *Winkel zwischen zwei Ebenen*
- *Spurpunkte und besondere Lage von Ebenen*

## Was gehört auf den Merkzettel?

- Eine Ebene E im $\mathbb{R}^3$ wird beschrieben durch einen Aufpunkt A und **zwei** Richtungsvektoren:

$$\boxed{\text{E:} \quad \vec{X} = \vec{A} + \lambda \cdot \vec{u} + \mu \cdot \vec{v}}$$

**Parameterform** der Ebene

- Eine Ebene E im $\mathbb{R}^3$ wird beschrieben durch einen Aufpunkt A und einen Normalenvektor $\vec{n}$:

$$\boxed{\text{E:} \quad \vec{n} \circ \left( \vec{X} - \vec{A} \right) = 0}$$

**Normalenform** der Ebene

- Aus der Normalenform erhält man durch Ausführen des Skalarprodukts die **Koordinatenform**:

$$\boxed{\text{E:} \quad n_1 x_1 + n_2 x_2 + n_3 x_3 - \vec{n} \circ \vec{A} = 0}$$

- Besondere Lage im Koordinatensystem:

  Eine Ebene ist zu den Koordinatenachsen parallel, deren x-Koordinaten in der Koordinatengleichung **nicht** vorkommen.

- Ein Punkt liegt in einer Ebene, wenn seine Koordinaten die Ebenengleichung erfüllen.

- Zwei Ebenen sind **parallel** oder identisch, wenn ihre Normalenvektoren Vielfache voneinander sind:

$$\vec{n_1} = k \cdot \vec{n_2}$$

(In der Parameterform lässt sich Parallelität i.A. nicht erkennen!)

- Untersuchung der **Lagebeziehung** von zwei Ebenen:
  - Zuerst prüft man, ob sie parallel oder identisch sind.
  - Falls das nicht der Fall ist und die Schnittgerade gesucht ist, setzt man die Parameterform der einen Ebene in die Koordinatenform der anderen ein.
  (Alternativ: Lösung des Gleichungssystems der beiden Koordinatengleichungen. Bei zwei Parameterformen unbedingt eine in die Koordinatenform umwandeln!)

- Schnittwinkel zweier Ebenen:

  Der Schnittwinkel von den zwei Ebenen entspricht dem Schnittwinkel zwischen den Normalenvektoren (wird wie gewohnt berechnet).

- Eine Gerade steht senkrecht auf einer Ebene, wenn sie parallel zum Normalenvektor der Ebene ist.
  Und wenn sie parallel zur Ebene sein soll, muss ihr Richtungsvektor auf dem Normalenvektor senkrecht stehen.

## 7.2 Aufgaben

Beginnen wir mit dem, was in so gut wie jeder Prüfung enthalten
ist: der Aufstellung einer Koordinatengleichung aus gegebenen Punkte der Ebene. Auf dem Weg dahin fällt quasi als Nebenprodukt die
Ebenengleichung in Parameterform ab.
Den Anfang dieser Aufgabe haben wir schon im 2. Kapitel behandelt,
hier folgt Teilaufgabe b):

**2019 B2**

Die Abbildung zeigt den Würfel ABCDEFGH mit A(0|0|0) und G(5|5|5)
in einem kartesischen Koordinatensystem. Die Ebene T schneidet die
Kanten des Würfels unter anderem in den Punkten I(5|0|1), J(2|5|0),
K(0|5|2) und L(1|0|5).

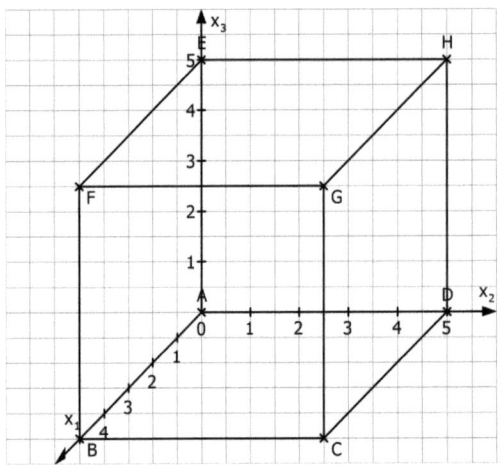

[3]  b) Ermitteln Sie eine Gleichung der Ebene T in Normalenform.

Bemerkung: Weil für die Seiten des Vierecks IJKL in a) schon Vektoren aufgestellt wurden, gibt es hier nur vergleichsweise wenige BE.

Weitere Grundaufgaben: Nachweis, dass ein Punkt in einer Ebene
liegt und dass eine Gerade senkrecht auf einer Ebene steht:

**2018 A2 Aufgabe 1** (Originalaufgabe, nicht im Abitur verwendet)

Gegeben sind die Ebene E: $x_2 - 3x_3 = -19$    sowie die Punkte
P(1|2|2), Q(1|-1|11) und S(-2|-4|5).

a) Zeigen Sie, dass S in der Ebene E liegt.                          [1]

b) Weisen Sie nach, dass die Gerade durch P und Q senkrecht zu E   [2]
   steht.

Die nächste Aufgabe kennen wir auch schon. Hier kommt der Winkel
zwischen zwei Ebenen dazu, wenn auch in einfacher Form.

## 2013 I

Ein auf einer horizontalen Fläche stehendes Kunstwerk besitzt einen
Grundkörper aus massivem Beton, der die Form eines Spats hat. Alle
Seitenflächen eines Spats sind Parallelogramme.

In einem Modell lässt sich der Grundkörper durch einen Spat
ABCDPQRS mit A(28|0|0), B(28|10|0), D(20|0|6) und P(0|0|0) be-
schreiben (vgl. Abbildung). Die rechteckige Grundfläche ABQP liegt
in der $x_1x_2$-Ebene. Im Koordinatensystem entspricht eine Längeneinheit 0,1m, d.h. der Grundkörper ist 0,6m hoch.

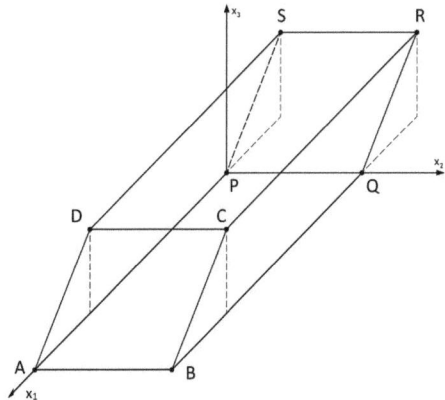

b) Ermitteln Sie eine Gleichung der Ebene E, in der die Seitenfläche  [3]
   ABCD liegt, in Normalenform.

   *(mögliches Ergebnis: E: $3x_1 + 4x_3 - 84 = 0$)*

[3] c) Berechnen Sie die Größe des Winkels, unter dem die Seitenfläche ABCD gegen die $x_1x_2$-Ebene geneigt ist.

[2] d) Die Seitenfläche PQRS liegt in einer Ebene F. Bestimmen Sie, ohne zu rechnen, eine Gleichung von F in Normalenform; erläutern Sie ihr Vorgehen.

Eine häufige Frage ist die nach der besonderen Lage einer Ebene im Koordinatensystem. Die Schnittpunkte einer Ebene mit den Achsen, die man auch als „Spurpunkte" bezeichnet, solltest du auch bestimmen können.

## 2015 B1

In einem kartesischen Koordinatensystem sind die Ebene
E: $x_1 + x_3 = 2$, der Punkt $A(0|\sqrt{2}|2)$ und die Gerade

g: $\overrightarrow{X} = \overrightarrow{A} + \lambda \cdot \begin{pmatrix} -1 \\ \sqrt{2} \\ 1 \end{pmatrix}$, $\lambda \in \mathbb{R}$, gegeben.

[6] a) Beschreiben Sie, welche besondere Lage die Ebene E im Koordinatensystem hat. Weisen Sie nach, dass die Ebene E die Gerade g enthält. Geben Sie die Koordinaten der Schnittpunkte von E mit der $x_1$-Achse und mit der $x_3$-Achse an, und veranschaulichen Sie die Lage der Ebene E sowie den Verlauf der Geraden g in einem kartesischen Koordinatensystem (vgl. Abbildung).

**2018 A2 Aufgabe 2** (Originalaufgabe, nicht im Abitur verwendet)

Gegeben ist die Ebene $H_k$: $3k \cdot x_1 - 2x_2 - 6k = 0$ mit k > 0.

[2] a) Begründen Sie, dass die Ebene $H_k$ für jeden Wert von k die $x_1$-Achse im Punkt $P(2|0|0)$ schneidet und parallel zur $x_3$-Achse ist.

[3] b) Ermitteln Sie in Abhängigkeit von k eine Gleichung der Ebene $H_k$ in Parameterform.

Jetzt kommt der Schnittwinkel zwischen zwei beliebigen Ebenen ins Spiel. Die Zeichnung der Pyramide ist vielleicht eine ganz gute Wiederholung.

In der darauffolgenden Aufgabe geht es ebenfalls um den Schnitt zweier Ebenen. Eine Schnittgerade musste letztmals im Abitur 2009 berechnet werden. 2020 allerdings sollte dann die Schnittgerade einer Ebene mit der $x_1x_2$-Ebene bestimmt werden. Man sieht also, dass man sich nicht zu sehr auf die vorigen Jahre verlassen sollte...

**2017 B2**

Ein geschlossenes Zelt, das auf einem horizontalem Untergrund steht, hat die Form einer Pyramide mit quadratischer Grundfläche. Die von der Zeltspitze ausgehenden Seitenkanten werden durch vier gleich lange Stangen gebildet. Das Zelt ist 6m hoch, die Seitenlänge des Zeltbodens beträgt 5m.

Das Zelt wird in einem kartesischen Koordinatensystem 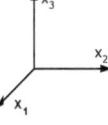 (vgl. Abb.) modellhaft durch eine Pyramide ABCDS mit der Spitze $S(2,5|2,5|6)$ dargestellt. Der Punkt A liegt im Koordinatenursprung, C hat die Koordinaten $(5|5|0)$. Der Punkt B liegt auf der $x_1$-Achse, D auf der $x_2$-Achse. Das Dreieck CDS liegt in der Ebene E: $12x_2 + 5x_3 = 60$. Eine Längeneinheit im Koordinatensystem entspricht einem Meter in der Realität.

a) Geben Sie die Koordinaten der Punkte B und D an und zeichnen [3] Sie die Pyramide in ein Koordinatensystem ein.

b) Ermitteln Sie eine Gleichung der Ebene F, in der das Dreieck DAS [3] liegt, in Normalenform.
(*mögliches Ergebnis:* $F : 12x_1 - 5x_3 = 0$)

c) Jeweils zwei benachbarte Zeltwände schließen im Inneren des Zelts [3] einen stumpfen Winkel ein. Ermitteln sie die Größe dieses Winkels.

## 2020 B1

Die Abbildung 1 zeigt modellhaft
eine Mehrzweckhalle, die auf einer
horizontalen Fläche steht und die
Form eines geraden Prismas hat.
Die Punkte $A_1(0|0|0)$, $A_2(20|0|0)$,
$A_3$ und $A_4(0|10|0)$ stellen im Modell die Eckpunkte der Grundfläche
der Mehrzweckhalle dar, die Punk-
te $B_1$, $B_2$, $B_3$ und $B_4$ die Eckpunkte der Dachfläche. Diejenige Seitenwand, die im Modell in der $x_1x_3$-

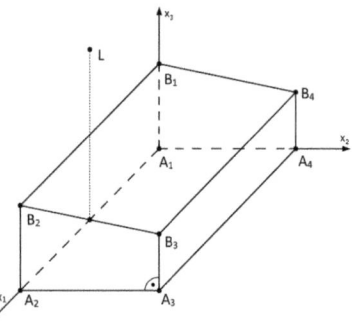

Ebene liegt, ist 6m hoch, die ihr gegenüberliegende Wand nur 4m.

Eine Längeneinheit im Koordinatensystem entspricht 1m, d.h. die
Mehrzweckhalle ist 20m lang.

[4]  a) Geben Sie die Koordinaten der Punkte $B_2$, $B_3$ und $B_4$ an und
        bestätigen Sie, dass diese Punkte in der Ebene
        E: $x_2 + 50x_3 - 30 = 0$ liegen.

[3]  b) Berechnen Sie die Größe des Neigungswinkels der Dachfläche ge-
        genüber der Horizontalen.

Der Punkt L, der vertikal über dem Mittelpunkt der Kante $[A_1A_2]$
liegt, veranschaulicht im Modell die Position einer Flutlichtanlage,
die 12m über der Grundfläche angebracht ist. Die als punktförmig
angenommene Lichtquelle beleuchtet - mit Ausnahme des Schatten-
bereichs in der Nähe der Hallenwände - das gesamte Gelände um die
Halle.

[5]  d) Die Punkte L, $B_2$ und $B_3$ legen eine Ebene F fest. Ermitteln sie
        eine Gleichung von F in Normalenform.

        (*zur Kontrolle: F:* $3x_1 + x_2 + 5x_3 - 90 = 0$)

[3]  e) Die Ebene E schneidet die $x_1x_2$-Ebene in der Gerade g. Bestimmen
        Sie eine Gleichung von g.

Während in den B-Teilen oftmals die Standardverfahren abgeprüft
werden, tauchten in den A-Teilen der letzten Jahre vermehrt etwas
kniffligere und ungewohnte Fragen zu Ebenen auf. Dazu noch drei
Beispiele:

**2016 A2 Aufgabe 1**

Gegeben sind die Ebene E: $2x_1 + x_2 + 2x_3 = 6$ sowie die Punkte
$P(1|0|2)$ und $Q(5|2|6)$.

a) Zeigen Sie, dass die Gerade durch die Punkte P und Q senkrecht [2]
zur Ebene E verläuft.

b) Die Punkte P und Q liegen symmetrisch zu einer Ebene F. Er- [3]
mitteln Sie eine Gleichung von F.

**2017 A1 Aufgabe 2**

Gegeben ist die Ebene E: $2x_1 + x_2 - 2x_3 = -18$.

a) Der Schnittpunkt von E mit der $x_1$-Achse, der Schnittpunkt von [2]
E mit der $x_2$-Achse und der Koordinatenursprung sind die Eck-
punkte eines Dreiecks. Bestimmen Sie den Flächeninhalte dieses
Dreiecks.

b) Ermitteln Sie die Koordinaten des Vektors, der sowohl ein Norma- [3]
lenvektor von E als auch der Ortsvektor eines Punktes der Ebene
ist.

**2019 A1 Aufgabe 2**

a) Die Ebene E: $3x_1 + 2x_2 + 2x_3 = 6$ enthält einen Punkt, dessen drei [2]
Koordinaten übereinstimmen. Bestimmen Sie diese Koordinaten.

b) Begründen Sie, dass die folgende Aussage richtig ist: [3]
Es gibt unendlich viele Ebenen, die keinen Punkt enthalten, dessen
drei Koordinaten übereinstimmen.

weitere Aufgaben zum Üben:

- 2013 II b): Koordinatengleichung aufstellen

- 2016 B1 a),e): Koordinatengleichung aufstellen, Winkel zwischen
  Ebenen

- 2018 B1 a),e): Koordinatengleichung aufstellen, Winkel zwischen
  Ebenen

- 2018 B2 b),e): Koordinatengleichung aufstellen, Winkel zwischen
  Ebenen

- 2005 VI Koordinatengleichung der Ebene aus zwei Geraden aufstellen

# 7.3 Lösungen

**Lösung zu 2019 B2**

b) In Teilaufgabe a) wurde das Viereck IJKL in die Abbildung eingetragen:

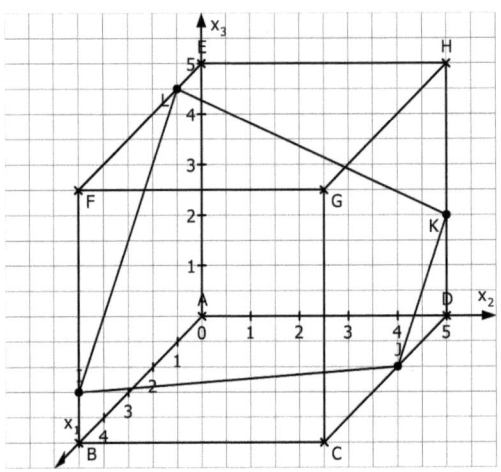

Zunächst benötigen wir zwei Richtungsvektoren von T: Dazu können wir zwei der schon bei a) berechneten Vektoren verwenden, aber nicht die, die parallel sind! Nehmen wir z.B.

$$\overrightarrow{IJ} = \begin{pmatrix} -3 \\ 5 \\ -1 \end{pmatrix} \quad \text{und} \quad \overrightarrow{IL} = \begin{pmatrix} -4 \\ 0 \\ 4 \end{pmatrix}$$

Dann brauchen wir noch einen Aufpunkt, z.B. I(5|0|1).

Damit könnte man jetzt eine Parameterform der Ebene aufstellen.

Für die Normalenform brauchen wir noch den Normalenvektor, und den erhalten wir wie immer mit dem Kreuzprodukt:

$$\overrightarrow{IJ} \times \overrightarrow{IL} = \begin{pmatrix} -3 \\ 5 \\ -1 \end{pmatrix} \times \begin{pmatrix} -4 \\ 0 \\ 4 \end{pmatrix} = \begin{pmatrix} 5 \cdot 4 - (-1) \cdot 0 \\ -1 \cdot (-4) - (-3) \cdot 4 \\ (-3) \cdot 0 - 5 \cdot (-4) \end{pmatrix} = \begin{pmatrix} 20 \\ 16 \\ 20 \end{pmatrix}$$

Zum Rechnen ist es angenehmer, wenn die Zahlen so klein wie möglich sind. Deshalb solltest du hier erkennen, dass beim berechneten Kreuzprodukt jede Koordinate noch durch 4 teilbar ist. Weil es beim

Normalenvektor auf den Betrag ja nicht ankommt, verwenden wir für $\vec{n}$ deshalb

$$\vec{n} = \frac{1}{4}\begin{pmatrix} 20 \\ 16 \\ 20 \end{pmatrix} = \begin{pmatrix} 5 \\ 4 \\ 5 \end{pmatrix}$$

Bemerkung: Es ist unschön, wenn man das Kreuzprodukt und den kürzeren Vektor beide mit $\vec{n}$ bezeichnet, weil es ja nicht der gleiche Vektor ist. Deshalb könntest du das Kreuzprodukt entweder so wie hier gar nicht oder im Nachhinein (wenn man sieht, dass es noch zu vereinfachen ist) z.B. mit $\vec{n'}$ bezeichnen.

Aufstellen der Koordinatenform (ist ja zum Rechnen viel praktischer):

$$\vec{n} \circ \vec{T} = \begin{pmatrix} 5 \\ 4 \\ 5 \end{pmatrix} \circ \begin{pmatrix} 5 \\ 0 \\ 1 \end{pmatrix} = 25 + 0 + 5 = 30$$

Damit ergibt sich die Koordinatengleichung von T zu

$$T : 5x_1 + 4x_2 + 5x_3 - 30 = 0$$

**Lösung zu 2018 A2 Aufgabe 1:**

a) Einsetzen der Koordinaten von S:

$$0 \cdot (-2) + (-4) - 3 \cdot 5 = -4 - 15 = -19 \quad \Rightarrow \quad S \in E$$

b) Richtungsvektor von PQ:

$$\vec{PQ} = \begin{pmatrix} 1 \\ -1 \\ 11 \end{pmatrix} - \begin{pmatrix} 1 \\ 2 \\ 2 \end{pmatrix} = \begin{pmatrix} 0 \\ -3 \\ -9 \end{pmatrix} = -3 \cdot \begin{pmatrix} 0 \\ 1 \\ -3 \end{pmatrix} = -3 \cdot \vec{n_E}$$

Der Richtungsvektor der Gerade ist also parallel zum Normalenvektor von E und damit steht PQ auf E senkrecht.

**Lösung zu 2013 I:**

b) Die Richtungsvektoren kann man eigentlich ohne Rechnung der Zeichnung entnehmen: (was man auch schon für a) getan hat)

$$\overrightarrow{AB} = \begin{pmatrix} 0 \\ 10 \\ 0 \end{pmatrix} \quad \text{und} \quad \overrightarrow{AD} = \begin{pmatrix} -8 \\ 0 \\ 6 \end{pmatrix}$$

$$\overrightarrow{AB} \times \overrightarrow{AD} = \begin{pmatrix} 60 - 0 \\ 0 - 0 \\ 0 - (-80) \end{pmatrix} = \begin{pmatrix} 60 \\ 0 \\ 80 \end{pmatrix}$$

Für $\vec{n}$ verwendet man dann am besten $\vec{n} = \begin{pmatrix} 3 \\ 0 \\ 4 \end{pmatrix}$, als Aufpunkt nehmen wir $A(28|0|0)$:

$$\vec{n} \circ \overrightarrow{A} = \begin{pmatrix} 3 \\ 0 \\ 4 \end{pmatrix} \circ \begin{pmatrix} 28 \\ 0 \\ 0 \end{pmatrix} = 84 + 0 + 0 = 84$$

und damit erhalten wir für E: $3x_1 + 4x_3 - 84 = 0$.

c) Den Winkel haben wir im Kapitel 2 schon elementargeometrisch bestimmt, was aufgrund der besonderen Lage der Ebenen hier möglich ist.
Der Standardweg geht über die Normalenvektoren:

$$\overrightarrow{n_E} = \begin{pmatrix} 3 \\ 0 \\ 4 \end{pmatrix} \text{ wie gerade berechnet und } \quad \overrightarrow{n_{12}} = \begin{pmatrix} 0 \\ 0 \\ 1 \end{pmatrix}$$

(Das ist der einfachste und damit angenehmste Normalenvektor für die $x_1x_2$-Ebene.)

Für die Winkelberechnung braucht man noch

$$\overrightarrow{n_E} \circ \overrightarrow{n_{12}} = 0 + 0 + 4 \cdot 1 = 4 \quad \text{und} \quad |\overrightarrow{n_E}| = \sqrt{9 + 16} = 5, \quad |\overrightarrow{n_{12}}| = 1$$

und damit erhält man

$$cos(\alpha) = \frac{4}{5 \cdot 1} = \frac{4}{5} \quad \Rightarrow \alpha \approx 36,9°$$

d) F ist parallel zu E $\Rightarrow$ F: $3x_1 + 4x_3 + k = 0$
Weil F den Ursprung enthält, muss gelten: k = 0
(Der Wert von k beeinflusst den Abstand der Achsenpunkte vom Ursprung; ist er Null, dann verläuft die Ebene durch den Ursprung.)

Eine mögliche Koordinatengleichung von F ist also F: $3x_1 + 4x_3 = 0$.

**Lösung zu 2015 B1:**

a) $x_2$ kommt in der Koordinatengleichung nicht vor

$$\Rightarrow E \text{ ist parallel zur } x_2\text{-Achse}$$

Damit g in E enthalten ist, muss der Aufpunkt A in E liegen und der Richtungsvektor von g senkrecht auf $\vec{n_E}$ stehen. Das müssen wir nachweisen:

Einsetzen der Koordinaten von A in E: $1 \cdot 0 + 1 \cdot 2 = 2 \quad \Rightarrow A \in E$

$$\begin{pmatrix} -1 \\ \sqrt{2} \\ 1 \end{pmatrix} \circ \begin{pmatrix} 1 \\ 0 \\ 1 \end{pmatrix} = -1 + 0 + 1 = 0 \quad \Rightarrow g \| E$$

Achsenschnittpunkte mit der
$x_1$-Achse: hier ist $x_2 = x_3 = 0$, eingesetzt in E ergibt sich $x_1 = 2$
$x_3$-Achse: hier ist $x_1 = x_2 = 0$, eingesetzt in E ergibt sich $x_3 = 2$

Für die Veranschaulichung im Koordinatensystem greift man natürlich auf das zurück, was man schon kennt. Das sind einerseits die beiden Achsenschnittpunkte und die Tatsache, dass die Ebene parallel zur $x_2$-Achse ist. Damit lässt sich ein Ausschnitt von E leicht zeichnen. Der würde sich z.B. so anbieten:

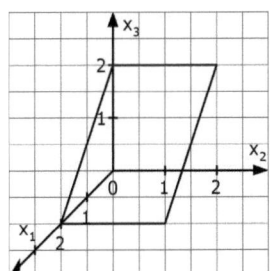

Es soll allerdings auch noch g mit dargestellt werden. Deren Verlauf musst du dir deshalb auch überlegen. Wir wissen schon, dass g in E liegt. Zum Zeichnen der Gerade benötigen wir zwei Punkte.
Weil es hier sowieso sehr wenige BE für die vielen Aufgaben gibt, solltest du davon ausgehen, dass das nicht so aufwendig sein kann. Wenn man genau hinschaut, kann man sehen, dass A auf der Schnittgeraden von E mit der $x_2x_3$-Ebene liegt, weil dort $x_1 = 0$ und $x_2 = 2$ ist. Als zweiten Punkt kann man dann z.B. den Schnittpunkt von

g mit der $x_1x_3$-Ebene verwenden, dort ist $x_2 = 0$. Das führt einge-
setzt in die Geradengleichung auf den Punkt $(1|0|1)$, der sich auch
gut einzeichnen lässt:

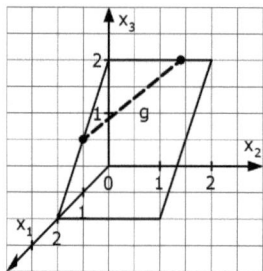

Insgesamt muss man allerdings sagen, dass für 6 BE hier wirklich eine
Menge Arbeit anfällt!

**Lösung zu 2018 A2 Aufgabe 2:**

a) Zu zeigen ist, dass $(2|0|0)$ in jeder dieser Ebenen liegt. Das geht
wie immer durch Einsetzen:

$3k \cdot 2 - 2 \cdot 0 - 6k = 0 \quad \Rightarrow (2|0|0) \in H_k$ unabhängig von k

$x_3$ kommt in der Koordinatengleichung nicht vor
$\Rightarrow H_k$ ist parallel zur $x_3$-Achse

b) Zuerst benötigt man zwei Richtungsvektoren. Diese müssen auf
dem Normalenvektor senkrecht stehen, d.h. ihr Skalarprodukt mit
dem Normalenvektor muss 0 ergeben:

$$\begin{pmatrix} 3k \\ -2 \\ 0 \end{pmatrix} \circ \begin{pmatrix} x_1 \\ x_2 \\ x_3 \end{pmatrix} = 0 \quad \Rightarrow \text{z.B.} \quad \vec{u} = \begin{pmatrix} 2 \\ 3k \\ 0 \end{pmatrix} \text{ und } \vec{v} = \begin{pmatrix} 0 \\ 0 \\ 1 \end{pmatrix}$$

als Aufpunkt nimmt man am besten $(2|0|0)$ und damit erhält man

$$H_k : \vec{X} = \begin{pmatrix} 2 \\ 0 \\ 0 \end{pmatrix} + \lambda \cdot \begin{pmatrix} 2 \\ 3k \\ 0 \end{pmatrix} + \mu \cdot \begin{pmatrix} 0 \\ 0 \\ 1 \end{pmatrix}$$

**Lösung zu 2017 B2:**

a) Die Lage von B und D erkennt man anhand der Skizze: B(5|0|0), D(0|5|0)

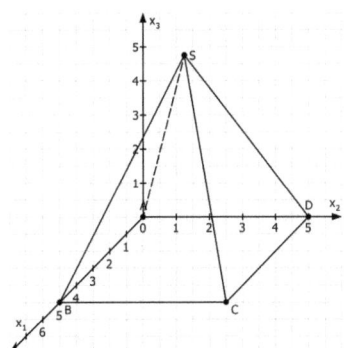

b) Richtungsvektoren: $\overrightarrow{AD} = \begin{pmatrix} 0 \\ 5 \\ 0 \end{pmatrix}$ und $\overrightarrow{AS} = \begin{pmatrix} 2,5 \\ 2,5 \\ 6 \end{pmatrix}$

$$\overrightarrow{AD} \times \overrightarrow{AS} = \begin{pmatrix} 0 \\ 5 \\ 0 \end{pmatrix} \times \begin{pmatrix} 2,5 \\ 2,5 \\ 6 \end{pmatrix} = \begin{pmatrix} 5 \cdot 6 - 0 \cdot 2,5 \\ 0 \cdot 2,5 - 0 \cdot 6 \\ 0 \cdot 2,5 - 5 \cdot 2,5 \end{pmatrix} = \begin{pmatrix} 30 \\ 0 \\ -12,5 \end{pmatrix}$$

Jetzt spickt man ein bisschen ins Zwischenergebnis und erkennt

$$\vec{n_F} = \frac{1}{2,5} \begin{pmatrix} 30 \\ 0 \\ -12,5 \end{pmatrix} = \begin{pmatrix} 12 \\ 0 \\ -5 \end{pmatrix}$$

Weil A im Ursprung liegt, ist $\vec{n} \circ \overrightarrow{A} = 0$ und es ergibt sich die Gleichung F: $12x_1 - 5x_3 = 0$.

c) Die beiden Ebenen E und F beschreiben im Modell zwei Zeltwände, den eingeschlossenen Winkel $\alpha$ bestimmt man über die Normalenvektoren. Es gilt

$$\vec{n_E} \circ \vec{n_F} = \begin{pmatrix} 0 \\ 12 \\ 5 \end{pmatrix} \circ \begin{pmatrix} 12 \\ 0 \\ -5 \end{pmatrix} = 0 + 0 - 25 = -25 \quad \text{und}$$

$$|\vec{n_E}| = |\vec{n_F}| = \sqrt{144 + 25} = 13 \quad \text{und damit}$$

$$cos(\alpha) = \frac{-25}{13 \cdot 13} = -\frac{25}{169} \quad \Rightarrow \alpha \approx 98,5°$$

**Lösung zu 2020 B1:**

a) $B_2(20|0|6), B_3(20|10|4), B_4(0|10|4)$

Einsetzen der Koordinaten in E ergibt für

$B_2 : 0 + 5 \cdot 6 - 30 = 0 \Rightarrow \in E$

$B_3 : 10 + 5 \cdot 4 - 30 = 0 \Rightarrow \in E$

$B_4 : 10 + 5 \cdot 4 - 30 = 0 \Rightarrow \in E$

b) einfachster Normalenvektor der Horizontalen: $\vec{n} = \begin{pmatrix} 0 \\ 0 \\ 1 \end{pmatrix}$

$$\vec{n_E} \circ \vec{n} = \begin{pmatrix} 0 \\ 1 \\ 5 \end{pmatrix} \circ \begin{pmatrix} 0 \\ 0 \\ 1 \end{pmatrix} = 0 + 0 + 5 = 5 \quad \text{und}$$

$|\vec{n_E}| = \sqrt{1 + 25} = \sqrt{26}$   und damit

$$cos(\varphi) = \frac{5}{\sqrt{26} \cdot 1} = \frac{5}{\sqrt{26}} \quad \Rightarrow \varphi \approx 11,3°$$

d) Der Punkt L hat die Koordinaten $L(10|0|12)$.

Richtungsvektoren: $\overrightarrow{LB_2} = \begin{pmatrix} 10 \\ 0 \\ -6 \end{pmatrix}$ und $\overrightarrow{LB_3} = \begin{pmatrix} 10 \\ 10 \\ -8 \end{pmatrix}$

$$\overrightarrow{LB_2} \times \overrightarrow{LB_3} = \begin{pmatrix} 10 \\ 0 \\ -6 \end{pmatrix} \times \begin{pmatrix} 10 \\ 10 \\ -8 \end{pmatrix} = \begin{pmatrix} 0 \cdot (-8) - (-6) \cdot 10 \\ (-6) \cdot 10 - 10 \cdot (-8) \\ 10 \cdot 10 - 0 \cdot 10 \end{pmatrix} = \begin{pmatrix} 60 \\ 20 \\ 100 \end{pmatrix}$$

Damit erhalten wir

$$\vec{n_F} = \frac{1}{20} \begin{pmatrix} 60 \\ 20 \\ 100 \end{pmatrix} = \begin{pmatrix} 3 \\ 1 \\ 5 \end{pmatrix}$$

als Aufpunkt nimmt man z.B. L:

$$\vec{n_F} \circ \vec{L} = \begin{pmatrix} 3 \\ 1 \\ 5 \end{pmatrix} \circ \begin{pmatrix} 10 \\ 0 \\ 12 \end{pmatrix} = 30 + 0 + 60 = 90$$

und damit ergibt sich F: $3x_1 + x_2 + 5x_3 - 90 = 0$.

e) Bei der Bestimmung einer Schnittgeraden setzt man standardmäßig die Parameterform der einen Ebene in die Koordinatenform der
anderen Ebene ein.
Hier haben wir den Spezialfall, dass die eine Ebene die $x_1x_2$-Ebene
ist. Deren Parameterform ist zum Rechnen sehr angenehm, deshalb
stellt man am besten auch dafür die Parameterform auf:

$$\vec{X} = \begin{pmatrix} 0 \\ 0 \\ 0 \end{pmatrix} + \lambda \cdot \begin{pmatrix} 1 \\ 0 \\ 0 \end{pmatrix} + \mu \cdot \begin{pmatrix} 0 \\ 1 \\ 0 \end{pmatrix} = \begin{pmatrix} \lambda \\ \mu \\ 0 \end{pmatrix}$$

Eingesetzt in $3x_1 + x_2 + 5x_3 - 90 = 0$ ergibt sich

$$3\lambda + \mu - 90 = 0 \quad \Rightarrow \mu = 90 - 3\lambda$$

und $\mu$ eingesetzt in die Parameterform der $x_1x_2$-Ebene ergibt die
Gleichung der Schnittgeraden g:

$$g : \vec{X} = \begin{pmatrix} \lambda \\ \mu \\ 0 \end{pmatrix} = \begin{pmatrix} \lambda \\ 90 - 3\lambda \\ 0 \end{pmatrix} = \begin{pmatrix} 0 \\ 90 \\ 0 \end{pmatrix} + \lambda \cdot \begin{pmatrix} 1 \\ -3 \\ 0 \end{pmatrix}$$

Beachte:

Das Kontrollergebnis ist nicht eindeutig, weil es für eine Gerade ja unendlich viele
verschiedene Gleichungen gibt. Wenn du dir ganz sicher sein willst, kannst du ja
prüfen, ob der Punkt $(30|0|0)$ auf der berechneten Gleichung liegt (das tut er auch
für $\lambda=30$).

alternativer Lösungsweg:

Weil auch die Koordinatenform der $x_1x_2$-Ebene mit $x_3 = 0$ so einfach
ist, kann man hier auch gut mit den beiden Koordinatengleichungen
arbeiten:

$x_3 = 0$ in F eingesetzt ergibt $3x_1 + x_2 - 90 = 0 \Rightarrow x_2 = 90 - 3x_1$

Jetzt muss für eine der Variablen ein Parameter eingeführt werden.
Wählt man z.B. $x_1 = \lambda$, dann ergibt sich wie oben $x_2 = 90 - 3\lambda$.

Das setzt man jetzt in den Ansatz für g ein:

$$g : \begin{pmatrix} x_1 \\ x_2 \\ x_3 \end{pmatrix} = \begin{pmatrix} \lambda \\ 90 - 3\lambda \\ 0 \end{pmatrix} = \begin{pmatrix} 0 \\ 90 \\ 0 \end{pmatrix} + \lambda \cdot \begin{pmatrix} 1 \\ -3 \\ 0 \end{pmatrix}$$

Welchen der beiden Wege man bevorzugt, ist vielleicht auch etwas Gewöhnungs- und Geschmackssache. Im Fall von zwei nicht ganz so einfachen Ebenen würde ich aber die erste Methode immer bevorzugen (siehe die entsprechenden Lernvideos).

**Lösung zu 2016 A1 Aufgabe 2:**

a) Wie so oft hilft eine Skizze:

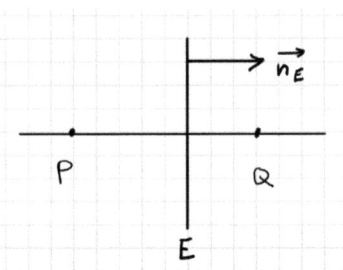

Wenn die Gerade PQ senkrecht auf E stehen soll, muss sie bzw. ihr Richtungsvektor parallel zum Normalenvektor von E sein. Dessen Koordinaten liest man aus der Koordinatengleichung ab. Als Richtungsvektor von PQ nehmen wir am einfachsten den Vektor $\overrightarrow{PQ}$.

Damit ergibt sich

$$\overrightarrow{n_E} = \begin{pmatrix} 2 \\ 1 \\ 2 \end{pmatrix} \quad \text{und} \quad \overrightarrow{PQ} = \begin{pmatrix} 4 \\ 2 \\ 4 \end{pmatrix}$$

Also gilt $\overrightarrow{n_E} = 2 \cdot \overrightarrow{PQ}$, die beiden Vektoren sind parallel und somit steht PQ senkrecht auf E.

b)

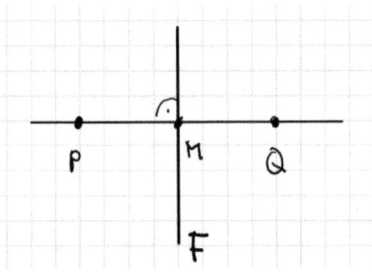

Was man erkennen muss: F ist parallel zu E, wir können den Normalenvektor von E also auch für F verwenden.
Fehlt noch der Aufpunkt. Dafür bietet sich natürlich M an, weil P und Q ja nach Aufgabenstellung symmetrisch zu F liegen sollen. M erhält man mit der Standardformel

$$\vec{M} = \frac{1}{2}\left(\vec{P} + \vec{Q}\right) = \frac{1}{2}\left[\begin{pmatrix} 1 \\ 0 \\ 2 \end{pmatrix} + \begin{pmatrix} 5 \\ 2 \\ 6 \end{pmatrix}\right] = \begin{pmatrix} 3 \\ 1 \\ 4 \end{pmatrix}$$

Nachdem in der Aufgabenstellung nur eine (beliebige) Gleichung für F verlangt war, genügt die Vektorform:

$$F : \vec{n_E} \circ \left(\vec{X} - \vec{M}\right) = \begin{pmatrix} 2 \\ 1 \\ 2 \end{pmatrix} \circ \left[\vec{X} - \begin{pmatrix} 3 \\ 1 \\ 4 \end{pmatrix}\right] = 0.$$

**Lösung zu 2017 A1 Aufgabe 2:**

a) Als erstes bestimmen wir die Schnittpunkte mit den Achsen, die man ja auch als Spurpunkte bezeichnet. Das Verfahren haben wir in der Aufgabe 2015 B1 schon verwendet:

$x_1$-Achse: hier ist $x_2 = x_3 = 0$. Eingesetzt in E ergibt sich

$$2x_1 + 0 + 0 = -18 \quad \Rightarrow x_1 = -9$$

und für die $x_2$-Achse

$$0 + x_2 + 0 = -18 \quad \Rightarrow x_2 = -18$$

Das Dreieck sieht also so aus:

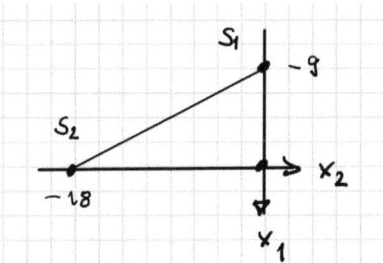

Für den Flächeninhalt gilt dann:

$$A = \frac{1}{2}gh = \frac{1}{2} \cdot 18 \cdot 9 = 81$$

b) Klingt vielleicht erstmal etwas verwirrend und kompliziert. Eine gute Taktik in solchen Fällen ist in der Geometrie, in dem neu wirkenden Problem bekannte Verfahren zu entdecken. Hier sind das zwei: Wenn der Vektor, nennen wir ihn mal $\vec{a}$, ein Normalenvektor von E sein soll, dann muss er ein Vielfaches vom Normalenvektor $\vec{n_E}$ sein. Das kann man sich schon einmal hinschreiben:

$$\vec{a} = k \cdot \vec{n_E} = k \cdot \begin{pmatrix} 2 \\ 1 \\ -2 \end{pmatrix} = \begin{pmatrix} 2k \\ k \\ -2k \end{pmatrix}$$

Wenn der Vektor $\vec{a}$ außerdem ein Ortsvektor eines Punktes von E sein soll, dann muss sein zugehöriger Endpunkt (der Startpunkt ist beim Ortsvektor ja immer der Ursprung) auf der Ebene E liegen:

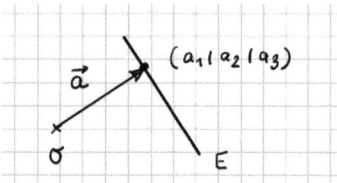

Also müssen die Koordinaten von $\vec{a}$ die Ebenengleichung erfüllen. Das führt zum Ansatz

$$2a_1 + a_2 - 2a_3 = -18$$

Die obigen Koordinaten von $\vec{a}$ setzt man jetzt ein:

$$\begin{aligned} 2 \cdot 2k + k - 2 \cdot (-2k) &= -18 \\ 9k &= -18 \\ k &= -2 \end{aligned}$$

Somit lautet der gesuchte Vektor $\vec{a} = \begin{pmatrix} -4 \\ -2 \\ 4 \end{pmatrix}$.

**Lösung zu 2019 A1 Aufgabe 2:**

a) Wenn die drei Koordinaten übereinstimmen, dann kann man sie als $x_1 = x_2 = x_3 = x$ ansetzen. Da der Punkt auf der Ebene liegen soll, müssen die Koordinaten die Ebenengleichung erfüllen:

$$\begin{aligned} 3x + 2x + 2x &= 6 \\ 7x &= 6 \end{aligned}$$

Also haben alle drei Koordinaten den Wert $\frac{6}{7}$.

b) Ein formaler Weg ist hier wahrscheinlich nicht so leicht zu finden. Am besten versucht man sich vorzustellen, wo denn alle Punkte liegen, deren drei Koordinaten übereinstimmen. Wenn man das nicht gleich sieht, kann man sich das eventuell auch so hinschreiben:

$$\vec{x} = \begin{pmatrix} x \\ x \\ x \end{pmatrix} = x \cdot \begin{pmatrix} 1 \\ 1 \\ 1 \end{pmatrix}$$

Das ist die Gerade, die diagonal durch den 1. und 7. Oktanten verläuft, d.h. ihre Projektion in die Koordinatenebenen ist jeweils die Winkelhalbierende.

Wenn eine Ebene keinen Punkt mit drei gleichen Koordinaten enthalten soll, heißt das also, dass sie diese Gerade nicht schneiden darf. Und zu einer gegebenen Geraden gibt es immer unendlich viele Ebenen, die diese nicht schneiden, sie müssen nur echt parallel zu der Geraden sein.

# 8 Gemischte Schnittprobleme

## 8.1 Grundlagen

Bisher habe die Kapitel aufeinander aufgebaut (bis auf das von der Kugel vielleicht). Die nächsten beiden könntest du dagegen auch teilweise austauschen, d.h. wenn es z.b. besser zum Unterricht passt, könntest du direkt mit den Abständen weitermachen.

In diesem Abschnitt werden die gegenseitigen Lagebeziehungen der zuletzt behandelten Objekte Gerade, Ebene und Kugel betrachtet. Aufgaben zu Geraden und Ebenen gehören dabei zum Alltagsgeschäft, während Probleme mit Kugeln immer noch eher selten sind. Manchmal werden dazu auch die Abstandsverfahren benötigt, deshalb finden sich einige dieser Beispiele auch erst im nächsten Kapitel wieder.

**Tipps für den Fernsehabend:**

- *Lagebeziehungen von Gerade und Ebene*
- *Lagebeziehungen von Kugeln mit Geraden und Ebenen*

**Was gehört auf den Merkzettel?**

- Lagebeziehungen von **Gerade und Ebene** (Richtungsvektor $\vec{v}$ bzw. Normalenvektor $\vec{n}$):

$$\boxed{\vec{v} \perp \vec{n} \Rightarrow g \parallel E \text{ oder g liegt in E}}$$

Um zu prüfen, welcher Fall vorliegt, schaut man i.d.R., ob der Aufpunkt der Geraden in der Ebene liegt.

Falls die Vektoren nicht senkrecht aufeinander stehen, gibt es genau einen Schnittpunkt zwischen der Geraden und der Ebene.

- Bestimmung des Schnittpunkts zwischen Gerade und Ebene:
  - Einsetzen der Geradengleichung in die Koordinatengleichung der Ebene
  - Ergibt eine Gleichung für die Unbekannte $\lambda$, die gelöst wird
  - Wert für $\lambda$ in die Geradengleichung einsetzen

- Bestimmung des Schnittwinkels zwischen Gerade und Ebene:
  - Man berechnet den (spitzen) Winkel $\alpha$ zwischen $\vec{v}$ und $\vec{n}$
  - Schnittwinkel $\varphi = 90° - \alpha$

- Lagebeziehungen von **Gerade und Kugel** :

  3 Fälle können auftreten:
  - Gerade schneidet die Kugel (2 Schnittpunkte)
  - Gerade berührt die Kugel (genau 1 Schnittpunkt)
  - Gerade läuft an der Kugel vorbei (kein Schnittpunkt)

- Bestimmung des Schnittpunkts (der Schnittpunkte) zwischen Gerade und Kugel:
  - Einsetzen der Geradengleichung in die Koordinatengleichung der Kugel
  - Ergibt eine (normalerweise quadratische) Gleichung für die Unbekannte $\lambda$, die gelöst wird
  - Wert(e) für $\lambda$ in die Geradengleichung einsetzen

- Eine Gerade g, die eine Kugel berührt, steht immer senkrecht auf dem zugehörigen Radius (der von M zum Berührpunkt verläuft).

  Damit lässt sich z.b. nachweisen, dass g die Kugel berührt.

- Lagebeziehungen von **Ebene und Kugel** :

  Wenn eine Kugel eine Ebene berührt, dann gilt analog wie bei der Geraden:
  Die Gerade durch Mittelpunkt und Berührpunkt (enthält den „Berührradius") steht senkrecht auf der Ebene, die man dann auch als „Tangentialebene" bezeichnet.

Weitere spezielle Verfahren (Aufstellen von Tangentialebenen, Schnitt von Kugeln und Ebenen etc.) sollten eher nicht nötig sein. Übliche Fragestellungen wie z.b. der Nachweis, dass eine Kugel eine Ebene berührt, konnten bisher immer mit anderen elementaren Methoden (hier z.B. Abstand Punkt - Ebene, siehe Kapitel 9) gelöst werden.

# 8.2 Aufgaben

Wir starten mit einer Reihe von Aufgaben zu Beziehungen zwischen Geraden und Ebenen, zum Schluss folgt noch ein neueres Beispiel zur Kugel. Weitere Kugelaufgaben finden sich dann wie schon erwähnt in den nächsten Kapiteln.

Die häufigsten Aufgabenstellungen zu Geraden und Ebenen sind sicher die Schnittpunktsbestimmung sowie die Berechnung des Schnittwinkels. Dazu zwei typische Beispiele:

**2020 B2**

Gegeben sind in einem kartesischen Koordinatensystem die Ebene
$E : 4x_1 - 8x_2 + x_3 + 50 = 0$ und die Gerade

$$g : \overrightarrow{X} = \begin{pmatrix} 3 \\ 12 \\ -2 \end{pmatrix} + \lambda \cdot \begin{pmatrix} 5 \\ 11 \\ -4 \end{pmatrix}, \lambda \in \mathbb{R}.$$

a) Erläutern Sie, warum die folgende Rechnung ein Nachweis dafür [1] ist, dass g und E genau einen gemeinsamen Punkt haben:

$$\begin{pmatrix} 4 \\ -8 \\ 1 \end{pmatrix} \circ \begin{pmatrix} 5 \\ 11 \\ -4 \end{pmatrix} = -72 \neq 0$$

b) Berechnen Sie die Größe des Schnittwinkels von g und E und [5] zeigen Sie, dass S(0,5|6,5|0) der Schnittpunkt von g und E ist.

**2014 B1**

In einem kartesischen Koordinatensystem legen die Punkte A(4|0|0), B(0|4|0) und C(0|0|4) das Dreieck ABC fest, das in der Ebene $E : x_1 + x_2 + x_3 = 4$ liegt.

Das Dreieck ABC stellt modellhaft einen Spiegel dar. Der Punkt P(2|2|3) gibt im Modell die Position einer Lichtquelle an, von der ein Lichtstrahl ausgeht.
Die Richtung dieses Lichtstrahls wird im Modell durch den Vektor

$$\vec{v} = \begin{pmatrix} -1 \\ -1 \\ -4 \end{pmatrix}$$ beschrieben.

[5] b) Geben Sie eine Gleichung der Geraden g an, entlang derer der Lichtstrahl im Modell verläuft. Bestimmen Sie die Koordinaten des Punktes R, in dem g die Ebene E schneidet und begründen Sie, dass der Lichtstrahl auf dem dreieckigen Spiegel auftrifft.

Bemerkung: Aufgabe a) haben wir schon im Kapitel 4 behandelt.

Die nächste Aufgabe kennen wir auch schon. Hier muss man die gelernten Grundtechniken sinnvoll im Zusammenhang anwenden:

**2013 II**

Die Abbildung zeigt modellhaft einen Ausstellungspavillon, der die Form einer geraden vierseitigen Pyramide mit quadratischer Grundfläche hat und auf einer horizontalen Fläche steht. Das Dreieck BCS beschreibt im Modell die südliche Außenwand des Pavillons. Im Koordinatensystem entspricht eine Längeneinheit 1m, d.h. die Grundfläche des Pavillons hat eine Seitenlänge von 12m.

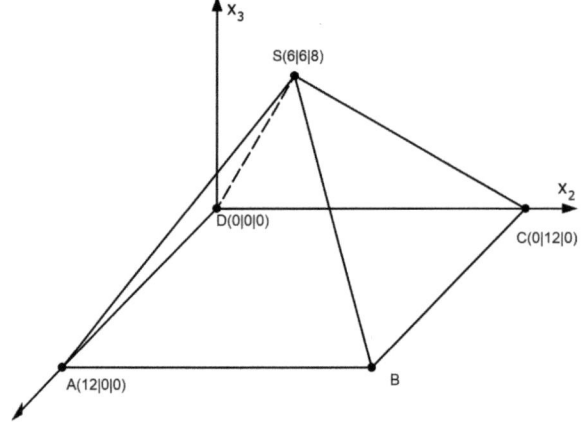

[4] b) Die südliche Außenwand des Pavillons liegt im Modell in einer Ebene E. Bestimmen Sie eine Gleichung von E in Normalenform.

*(mögliches Ergebnis: E: $4x_2 + 3x_3 - 48 = 0$)*

[5] c) Der Innenausbau des Pavillons erfordert eine möglichst kurze, dünne Strebe zwischen dem Mittelpunkt der Grundfläche und der

südlichen Außenwand. Ermitteln Sie, in welcher Höhe über der
Grundfläche die Strebe an der Außenwand befestigt ist.

Wie gerade gesehen, muss man in den Anwendungssituationen erkennen, wie man gewisse Sachverhalte geometrisch modellieren kann. An
Geraden sollte man immer dann denken, wenn es sich um Lichtstrahlen, Streben bzw. Balken oder generell alles, was gerade ist, handelt.
Die nächste Aufgabe zeigt dafür noch ein weiteres klassisches Beispiel.
Die ersten Teilaufgaben passen zwar nicht mehr so recht ins Kapitel,
sind zur Wiederholung und zum besseren Erfassen der Situation aber
sicher hilfreich.
Wer nur den aktuellen Stoff üben will, springt gleich zu d).

**2011 I**

In einem Koordinatensystem sind die Punkte A(0|60|0), B(-80|60|60)
und C(-80|0|60) gegeben.

a) Ermitteln Sie eine Gleichung der Ebene E, die durch die Punkte [8]
   A, B und C bestimmt wird, in Normalenform. Welche besondere
   Lage im Koordinatensystem hat E? Berechnen Sie die Größe des
   Winkels $\varphi$, unter dem E die $x_1 x_2$-Ebene schneidet.

   (mögliche Teilergebnisse: E: $3x_1 + 4x_3 = 0$; $\varphi \approx 36,9°$)

b) Weisen Sie nach, dass der Koordinatenursprung O mit den [6]
   Punkten A, B und C ein Rechteck OABC festlegt.
   Bestätigen Sie, dass dieses Rechteck den Flächeninhalt 6000 besitzt, und zeichnen Sie es in ein Koordinatensystem (vgl. Abbildung) ein.

Das Rechteck OABC ist das Modell eines steilen Hanggrundstücks;
die positive $x_1$-Achse beschreibt die südliche, die positive $x_2$-Achse
die östliche Himmelsrichtung (im Koordinatensystem: 1LE entspricht
1m, d.h. die Länge des Grundstücks in West-Ost-Richtung beträgt
60m.)

Ein Hubschrauber überfliegt das Grundstück entlang einer Linie, die
im Modell durch die Gerade g: $\overrightarrow{X} = \begin{pmatrix} -20 \\ 40 \\ 40 \end{pmatrix} + \lambda \cdot \begin{pmatrix} 4 \\ 5 \\ -3 \end{pmatrix}$, $\lambda \in \mathbb{R}$,
beschrieben wird.

[3] d) Weisen Sie nach, dass der Hubschrauber mit einem konstanten Abstand von 20m zum Hang fliegt.

Bemerkung: Die 20m können wir mit den jetzigen Mitteln noch nicht nachweisen, d.h. zu begründen ist hier der konstante Abstand. Wie man den Wert des Abstands leicht berechnen kann, ist Inhalt des nächsten Kapitels.

## 2021 A2

Mit einem Lasermessgerät soll ein Verkehrsschild angepeilt werden. Diese Situation wird modellhaft in einem Koordinatensystem dargestellt. Der Ausgangspunkt des Laserstrahls wird durch den Punkt P(104|-42|10) beschrieben, seine Richtung durch den Vektor $\begin{pmatrix} -13 \\ 5 \\ 1 \end{pmatrix}$.

Das Verkehrsschild wird durch eine Kreisscheibe repräsentiert, die in der $x_2 x_3$-Ebene liegt und den Mittelpunkt M(0|0|20) sowie den Radius 3 hat.

Untersuchen Sie, ob der Laserstrahl auf das Verkehrsschild trifft.

Zu guter Letzt kommt jetzt noch die Kugel ins Spiel. Aufgaben mit Kugeln waren bislang eher selten, spezielle Verfahren wie das Aufstellen von Tangentialebenen etc. kamen nicht vor. Alle Probleme ließen sich mit den gängigen Grundverfahren lösen, und davon kannst du wahrscheinlich auch in Zukunft ausgehen. Wichtig bei Aufgaben zur Kugel: geometrische Veranschaulichung und einige grundlegende Kenntnisse.

Vom folgenden Beispiel haben wir zu Beginn des Kapitels schon die Teilaufgaben a) und b) betrachtet:

## 2020 B2

Gegeben sind in einem kartesischen Koordinatensystem die Ebene $E : 4x_1 - 8x_2 + x_3 + 50 = 0$ und die Gerade

$$g : \overrightarrow{X} = \begin{pmatrix} 3 \\ 12 \\ -2 \end{pmatrix} + \lambda \cdot \begin{pmatrix} 5 \\ 11 \\ -4 \end{pmatrix}, \lambda \in \mathbb{R}.$$

c) Die Kugel K mit dem Mittelpunkt M(-13|20|0) berührt die Ebene [6]
E. Bestimmen Sie die Koordinaten des Berührpunkts F sowie den
Kugelradius r.

(*zur Kontrolle: F(-5|4|2), r =18*)

d) Weisen Sie nach, dass die Gerade g [5]
die Kugel K im Punkt T(3|12|-2) be-
rührt.

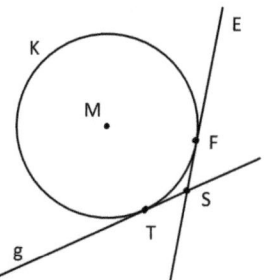

weitere Aufgaben zum Üben:

- 2015 B2 b): Winkel zwischen Gerade und Ebene (a) schon in Kap. 6
  behandelt)
- 2012 B1 d): Schnittpunkt und Winkel zwischen Gerade und Ebene

- 2004 V Aufgabe 3: Schnitt Gerade - Kugel und Schnittkreis von
  zwei Kugeln (gute Ergänzung und Vertiefung!)

## 8.3 Lösungen

**Lösung zu 2020 B2:**

a) Aus der Gleichung folgt, dass der Richtungsvektor der Geraden **nicht** senkrecht auf dem Normalenvektor der Ebene steht. Und das bedeutet ja, dass es genau einen gemeinsamen Punkt (= Schnittpunkt) gibt.

b) (spitzer) Winkel $\alpha$ zwischen $\vec{v}$ und $\vec{n}$:

$$\cos(\alpha') = \frac{-72}{\left| \begin{pmatrix} 5 \\ 11 \\ -4 \end{pmatrix} \right| \cdot \left| \begin{pmatrix} 4 \\ -8 \\ 1 \end{pmatrix} \right|} = \frac{-72}{9\sqrt{2}\cdot 9} = -\frac{8}{9\sqrt{2}}$$

$\Rightarrow \alpha' \approx 128,9°$    und damit $\alpha \approx 51,1°$    $\Rightarrow$ Schnittwinkel $\varphi \approx 38,9°$

Schnittpunkt von g und E:

Der Standardweg wäre

$$\begin{pmatrix} x_1 \\ x_2 \\ x_3 \end{pmatrix} = \begin{pmatrix} 3+5\lambda \\ 12+11\lambda \\ -2-4\lambda \end{pmatrix} \text{ in } 4x_1 - 8x_2 + x_3 + 50 = 0 \text{ einsetzen}$$

Hier geht es aber schneller, da die Schnittpunktskoordinaten ja schon bekannt sind und es deshalb reicht, zu zeigen, dass S(0,5|6,5|0) sowohl in E als auch auf g liegt:

$$4 \cdot 0,5 - 8 \cdot 6,5 + 0 + 50 = 2 - 52 + 50 = 0 \Rightarrow S \in E$$

$$\begin{pmatrix} 0,5 \\ 6,5 \\ 0 \end{pmatrix} = \begin{pmatrix} 3 \\ 12 \\ -2 \end{pmatrix} + \lambda \cdot \begin{pmatrix} 5 \\ 11 \\ 4 \end{pmatrix} \text{ ist erfüllt für } \lambda = -\frac{1}{2} \Rightarrow S \in g$$

$\Rightarrow$ S ist der Schnittpunkt von g und E.

**Lösung zu 2014 B1:**

b) Die Geradengleichung für g ist gleich aufgestellt:

$$g : \vec{X} = \begin{pmatrix} 2 \\ 2 \\ 3 \end{pmatrix} + \lambda \cdot \begin{pmatrix} -1 \\ -1 \\ -4 \end{pmatrix}$$

Der Schnittpunkt muss hier explizit berechnet werden:

$$\begin{pmatrix} 2 \\ 2 \\ 3 \end{pmatrix} + \lambda \cdot \begin{pmatrix} -1 \\ -1 \\ -4 \end{pmatrix} \quad \text{in E} \quad \text{eingesetzt ergibt}$$

$$\begin{aligned} (2 - \lambda) + (2 - \lambda) + (3 - 4\lambda) &= 4 \\ 7 - 6\lambda &= 4 \\ \lambda &= \frac{1}{2} \end{aligned}$$

Für den Schnittpunkt R folgt dann

$$\vec{R} = \begin{pmatrix} 2 \\ 2 \\ 3 \end{pmatrix} + \frac{1}{2} \cdot \begin{pmatrix} -1 \\ -1 \\ -4 \end{pmatrix} = \begin{pmatrix} 1,5 \\ 1,5 \\ 1 \end{pmatrix}.$$

Um zu begründen, dass R auf dem Spiegel liegt, wirft man am besten einen Blick auf die Skizze aus a) (siehe Kapitel 3):

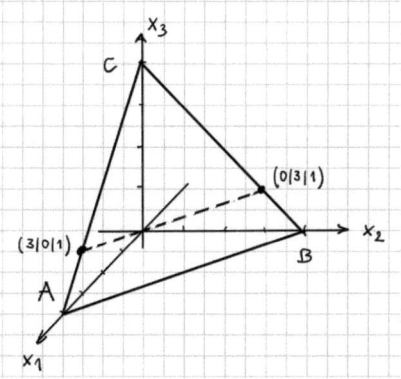

Erste Möglichkeit:
Das Dreieck, das den Spiegel darstellt, besteht aus allen Punkten der Ebene E, die im ersten Oktanten liegen. (Alle Punkte von E, die außerhalb des Dreiecks liegen, haben mindestens eine negative x-Koordinate.) Weil R lauter positive x-Koordinaten besitzt, muss er auf dem Spiegel liegen.

Zweite Möglichkeit:
Die Punkte des Spiegels in der Höhe $x_3 = 1$ durchlaufen die $x_1$-Koordinaten von 3 bis 0 und die $x_2$-Koordinaten von 0 bis 3. Da ist

der Punkt R genau in der Mitte, liegt also auf dem Spiegel.

**Lösung zu 2013 II:**

b) Zuerst die Richtungsvektoren, z.B. $\overrightarrow{BC}$ und $\overrightarrow{BS}$:

durch Ablesen erhält man $\overrightarrow{BC} = \begin{pmatrix} -12 \\ 0 \\ 0 \end{pmatrix}$ und $\overrightarrow{BS} = \begin{pmatrix} -6 \\ -6 \\ 8 \end{pmatrix}$

Normalenvektor:

$$\overrightarrow{BC} \times \overrightarrow{BS} = \begin{pmatrix} -12 \\ 0 \\ 0 \end{pmatrix} \times \begin{pmatrix} -6 \\ -6 \\ 8 \end{pmatrix} = \begin{pmatrix} 0 \\ 96 \\ 72 \end{pmatrix}, \text{ günstig wäre } \overrightarrow{n} = \begin{pmatrix} 0 \\ 4 \\ 3 \end{pmatrix}$$

Als Aufpunkt von E könnte man C wählen:

$$\overrightarrow{n} \circ \overrightarrow{C} = \begin{pmatrix} 0 \\ 4 \\ 3 \end{pmatrix} \circ \begin{pmatrix} 0 \\ 12 \\ 0 \end{pmatrix} = 48 \Rightarrow E : 4x_2 + 3x_3 - 48 = 0$$

c) Gesucht ist eine möglichst kurze Strebe zwischen dem Mittelpunkt der Grundfläche und der südlichen Außenwand, also der Ebene E. Es empfiehlt sich wieder einmal eine Skizze, der Einfachheit halber zweidimensional aus der relevanten Richtung gesehen:

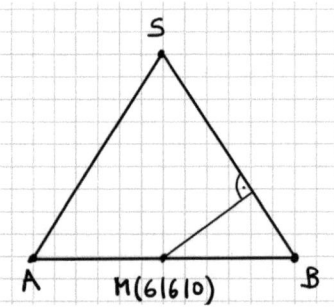

Was man sehr schnell sieht (außer dass diese Strebe alles andere als praktisch erscheint): damit sie möglichst kurz wird, muss sie senkrecht auf der Ebene E stehen.

Die Koordinaten von M solltest du anhand der Zeichnung ablesen.

Was du weiter erkennen musst:

1. Die gesuchte Höhe des Befestigungspunktes entspricht der $x_3$-Koordinate des Endpunktes der Strebe.

2. Den Endpunkt der Strebe erhält man als Schnittpunkt der Ebene E mit der Geraden, die durch M und den Endpunkt verläuft.

Wenn du das nicht gleich siehst, kannst du in der Geometrie immer danach fragen, welches Grundverfahren wohl in der Aufgabe versteckt sein könnte. Weil es hier um eine Ebene und wahrscheinlich eine Gerade (Strebe!) geht, kommt man damit sehr schnell zum Verfahren Schnitt Gerade-Ebene!

Weitere wichtige Erkenntnis:
Weil die Gerade senkrecht auf der Ebene stehen soll, kann man als Richtungsvektor den Normalenvektor der Ebene wählen!

Gleichung der Gerade: $\vec{X} = \begin{pmatrix} 6 \\ 6 \\ 0 \end{pmatrix} + \lambda \cdot \begin{pmatrix} 0 \\ 4 \\ 3 \end{pmatrix}$

Eingesetzt in E folgt:

$$
\begin{aligned}
4(6 + 4\lambda) + 3(3\lambda) - 48 &= 0 \\
24 + 16\lambda + 9\lambda - 48 &= 0 \\
25\lambda &= 24 \\
\lambda &= \frac{24}{25}
\end{aligned}
$$

Die gesuchte $x_3$-Koordinate ergibt sich damit zu

$$x_3 = 0 + 3\lambda = 3 \cdot \frac{24}{25} \approx 2,88$$

Achtung:

Es ist nach der Höhe gefragt, also einer Größe „im Sachzusammenhang". Deshalb gehört bei der Antwort die Einheit mit dazu!
Manchmal ist auch eine gewisse Genauigkeit gefragt, dann müsstest du auch noch richtig runden. Hier ist das aber nicht der Fall, eine sinnvolle Antwort wäre z.B.:
Die Befestigung erfolgt in ca. 2,88m Höhe.

**Lösung zu 2011 I:**

a) für den Normalenvektor:

$$\overrightarrow{AB} = \begin{pmatrix} -80 \\ 0 \\ 60 \end{pmatrix} \quad \text{und} \quad \overrightarrow{AC} = \begin{pmatrix} -80 \\ -60 \\ 60 \end{pmatrix}$$

$$\overrightarrow{AB} \times \overrightarrow{AC} = \begin{pmatrix} -80 \\ 0 \\ 60 \end{pmatrix} \times \begin{pmatrix} -80 \\ -60 \\ 60 \end{pmatrix} = \begin{pmatrix} 0 + 3600 \\ -4800 + 4800 \\ 4800 - 0 \end{pmatrix} = \begin{pmatrix} 3600 \\ 0 \\ 4800 \end{pmatrix}$$

Geschickterweise wählt man $\overrightarrow{n_E} = \begin{pmatrix} 3 \\ 0 \\ 4 \end{pmatrix}$.

Nimmt man als Aufpunkt $A(0|60|0)$, ergibt sich

$$\overrightarrow{n_E} \circ \overrightarrow{A} = \begin{pmatrix} 3 \\ 0 \\ 4 \end{pmatrix} \circ \begin{pmatrix} 0 \\ 60 \\ 0 \end{pmatrix} = 0 \quad \text{und damit} \quad E: 3x_1 + 4x_3 = 0.$$

Weil in der Koordinatengleichung von E die $x_2$-Koordinate nicht vorkommt, liegt E parallel zur $x_2$-Achse.

Der Schnittwinkel entspricht dem Winkel zwischen den Normalenvektoren. Mit dem einfachsten Normalenvektor der $x_1x_2$-Ebene erhalten wir

$$\cos(\varphi) = \frac{\begin{pmatrix} 0 \\ 0 \\ 1 \end{pmatrix} \circ \begin{pmatrix} 3 \\ 0 \\ 4 \end{pmatrix}}{1 \cdot \sqrt{25}} = \frac{4}{5} \quad \Rightarrow \varphi \approx 36,9°$$

b) Erinnerung: zuerst wird nachgewiesen, dass OABC ein Parallelogramm ist:

$$\overrightarrow{OC} = \begin{pmatrix} -80 \\ 0 \\ 60 \end{pmatrix} = \overrightarrow{AB} \quad \Rightarrow \text{Parallelogramm}$$

(Auch hier könntest du dir auf dem Schmierblatt schnell eine Skizze machen, dann nimmt man nicht die falschen Vektoren!)

Jetzt noch einen rechten Winkel nachweisen:

$$\overrightarrow{OC} \circ \overrightarrow{OA} = \begin{pmatrix} -80 \\ 0 \\ 60 \end{pmatrix} \circ \begin{pmatrix} 0 \\ 60 \\ 0 \end{pmatrix} = 0 \quad \Rightarrow \text{Rechteck}$$

Zur Berechnung des Flächeninhalts benötigen wir die Seitenlängen:

$$A_{OABC} = \sqrt{80^2 + 60^2} \cdot \sqrt{60^2} = 100 \cdot 60 = 6000$$

Für die Zeichnung im Koordinatensystem ist keine Einheit vorgegeben, deshalb nutzen wir das aus und wählen, damit die Zeichnung nicht zu groß wird, 1cm $\hat{=}$ 20m:

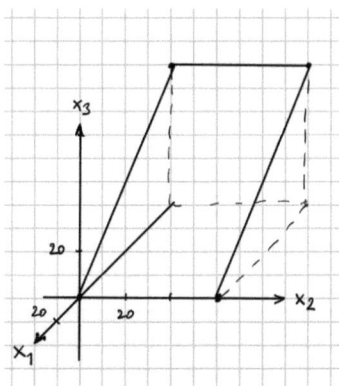

d) Hier begegnet uns eine weitere Möglichkeit, Geraden in Anwendungszusammenhängen unterzubringen, nämlich als (gerade) Flugbahn von Objekten. In diesem Fall von einem Hubschrauber.

Wenn sein Abstand zum Hang ($\hat{=}$ E) konstant sein soll, muss diese Flugbahn ($\hat{=}$ g) parallel zum Hang verlaufen.

Wir weisen also nach, dass g $\|$E gilt:

$$\overrightarrow{n_E} \circ \vec{v} = \begin{pmatrix} 3 \\ 0 \\ 4 \end{pmatrix} \circ \begin{pmatrix} 4 \\ 5 \\ -3 \end{pmatrix} = 12 + 0 - 12 = 0 \quad \Rightarrow g \| E$$

$\Rightarrow$ konstanter Abstand zum Hang

## Lösung zu 2021 A2:

Unser Abiturjahrgang hat sich mit dieser Aufgabe erstaunlich schwer getan. Geholfen hätte da (wieder einmal) eine Skizze. Dass man den Laserstrahl als Gerade modelliert, sollte aufgrund der Angabe klar sein. Das Schild liegt in einer gegebenen Ebene (der $x_2 x_3$-Ebene), also liegt das Verfahren Schnitt Gerade-Ebene ziemlich nahe. Mit diesen Vorannahmen sollte eine vernünftige Skizze kein Problem sein:

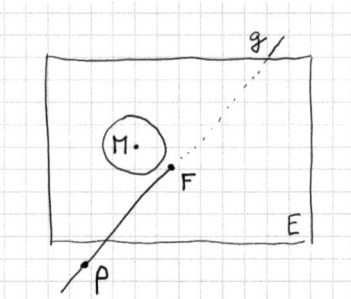

Berechnet wird üblicherweise der Schnittpunkt F, deshalb fragt man sich jetzt gleich mal, welche Bedeutung dieser für die Aufgabe haben könnte:

Zu untersuchen ist, ob der Laserstrahl das Schild trifft. Hier tut er es nicht, weil der Abstand zwischen F und M größer als der Radius des Schildes ist. (Die Entscheidung, das so zu skizzieren war rein willkürlich.)

Zu berechnen sind also die Koordinaten von F und der Abstand zwischen F und M:

Dazu stellen wir zunächst einmal die Geradengleichung für den Laserstrahl auf:

$$g : \vec{X} = \begin{pmatrix} 104 \\ -42 \\ 10 \end{pmatrix} + \lambda \cdot \begin{pmatrix} -13 \\ 5 \\ 1 \end{pmatrix}$$

$g \cap E$ : einfachste Koordinatengleichung der $x_2 x_3$-Ebene E: $x_1 = 0$

$$
\begin{aligned}
\text{g in E } : 104 - 13\lambda &= 0 \\
\lambda &= 8
\end{aligned}
$$

$\lambda$ eingesetzt in die Geradengleichung ergibt die gesuchten Koordinaten von F:

$$\vec{F} = \begin{pmatrix} 104 \\ -42 \\ 10 \end{pmatrix} + 8 \cdot \begin{pmatrix} -13 \\ 5 \\ 1 \end{pmatrix} = \begin{pmatrix} 0 \\ -2 \\ 18 \end{pmatrix}$$

Abstand F-M: $\left| \begin{pmatrix} 0 \\ 0 \\ 20 \end{pmatrix} - \begin{pmatrix} 0 \\ -2 \\ 18 \end{pmatrix} \right| = \left| \begin{pmatrix} 0 \\ 2 \\ 2 \end{pmatrix} \right| = \sqrt{4+4} = \sqrt{8} < 3$

$\Rightarrow$ Der Laserstrahl trifft auf das Schild.

**Lösung zu 2020 B2:**

c) Wenn eine Kugel eine Ebene berührt, dann steht der zugehörige Radius (zwischen Mittelpunkt und Berührpunkt) senkrecht auf der Ebene. Das solltest du in die Zeichnung eintragen, um die Situation klarer zu sehen:

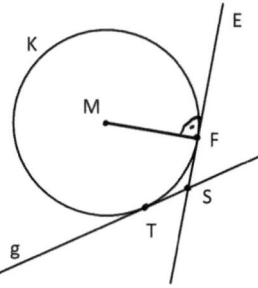

F ist der Schnittpunkt von MF und E. Den Richtungsvektor von MF bekommen wir jetzt aus der Tatsache, dass MF wegen dem Berühren auf E senkrecht stehen muss. Deshalb nehmen wir dafür (wie in diesen Fällen üblich) den Normalenvektor der Ebene E. Die Schnittpunktsberechnung erfolgt wie immer:

$$MF : \overrightarrow{X} = \begin{pmatrix} -13 \\ 20 \\ 0 \end{pmatrix} + \mu \cdot \begin{pmatrix} 4 \\ -8 \\ 1 \end{pmatrix}$$

$$\begin{aligned} \text{in E: } 4(-13 + 4\mu) - 8(20 - 8\mu) + \mu + 50 &= 0 \\ -52 + 4\mu - 160 + 64\mu + \mu + 50 &= 0 \\ 81\mu &= 162 \\ \mu &= 2 \end{aligned}$$

Damit $\overrightarrow{F} = \begin{pmatrix} -13 \\ 20 \\ 0 \end{pmatrix} + 2 \cdot \begin{pmatrix} 4 \\ -8 \\ 1 \end{pmatrix} = \begin{pmatrix} -5 \\ 4 \\ 2 \end{pmatrix}$ , also F(-5|4|2) und

$$\overline{MF} = \left| \begin{pmatrix} -5 \\ 4 \\ 2 \end{pmatrix} - \begin{pmatrix} -13 \\ 20 \\ 0 \end{pmatrix} \right| = \left| \begin{pmatrix} 8 \\ -16 \\ 2 \end{pmatrix} \right| = \sqrt{324} = 18 \quad \Rightarrow r = 18$$

d) Wir sollen den Berührpunkt T(3|12|-2) nachweisen.
Standardweg: T als (einzigen) Schnittpunkt von g und K berechnen.

Weil die Koordinaten des Berührpunktes aber schon gegeben sind (in der Angabe, nicht im Kontrollergebnis!), könnte man auch etwas schneller vorgehen:

1. Nachweisen, dass T auf g und auf K liegt
2. Nachweisen, dass MT $\perp$ g ist

Damit wäre gezeigt, dass es tatsächlich nur einen Schnittpunkt, nämlich den Berührpunkt von g und K gibt.

Wählen wir den zweiten Weg:

T ist der Aufpunkt von g, also T $\in$ g.

$$\overline{MT} = \left| \begin{pmatrix} 3 \\ 12 \\ -2 \end{pmatrix} - \begin{pmatrix} -13 \\ 20 \\ 0 \end{pmatrix} \right| = \left| \begin{pmatrix} 16 \\ -8 \\ -2 \end{pmatrix} \right| = \sqrt{324} = 18 = r \quad \Rightarrow T \in K$$

$$\overrightarrow{MT} \circ \vec{v} = \begin{pmatrix} 16 \\ -8 \\ -2 \end{pmatrix} \circ \begin{pmatrix} 5 \\ 11 \\ -4 \end{pmatrix} = 80 - 88 + 8 = 0 \quad \Rightarrow \overrightarrow{MT} \perp g$$

[MT] ist also ein Kugelradius, auf dem g senkrecht steht, demnach ist T der Berührpunkt.

# 9 Abstandsberechnungen

## 9.1 Grundlagen

In diesem Kapitel geht es um die zwei Standardverfahren Abstand Punkt-Ebene und Abstand Punkt-Gerade. Diese kommen sehr häufig und regelmäßig vor, so dass du sie auf jeden Fall gut und sicher beherrschen solltest. Zusammen mit den verschiedenen Schnittverfahren gehören sie zu einem Grundrepertoire an Verfahren, das immer wieder in den verschiedensten Zusammenhängen (mal mehr, mal weniger deutlich erkennbar) abgeprüft wird. Die Aufgaben in diesem Abschnitt geben darüber einen guten und repräsentativen Überblick.

**Tipps für den Fernsehabend:**

- *Abstand Punkt-Ebene*
- *Abstand Punkt-Gerade - 1. Methode*
- *Abstand Punkt-Gerade - Allgemeiner Geradenpunkt*

**Was gehört auf den Merkzettel?**

- **Abstand** d zwischen **Punkt P und Ebene E:**

  Einsetzen der Koordinaten von P in die (linke Seite der) HNF von E ergibt eine Zahl.
  Diese Zahl (bzw. ihr Betrag, falls negativ) entspricht dem gesuchten Abstand d.

- **Abstand** s zwischen **Punkt P und Gerade g** (mittels Hilfsebene):

Berechnet wird hier zunächst der Fußpunkt F des Lotes von P auf g:

- Aufstellen der Hilfsebene H, die P enthält und senkrecht auf g steht
- Der Schnittpunkt von g und H ist der gesuchte Fußpunkt F
- s ist der Abstand zwischen F und P

Weitere Abstandsberechnungen werden auf die obigen Verfahren zurückgeführt:

- Abstand zwischen zwei parallelen Geraden:

  Berechnet wird normalerweise der Abstand zwischen einem Aufpunkt und der anderen Geraden.

- Abstand zwischen zwei parallelen Ebenen:

  Berechnet wird normalerweise der Abstand zwischen einem Aufpunkt und der anderen Ebene.

- Abstand zwischen einer Geraden und einer parallelen Ebene:

  Berechnet wird normalerweise der Abstand zwischen dem Aufpunkt der Geraden und der Ebene.

Den Abstand Punkt-Gerade kann man genauso gut auch mit dem allgemeinen Geradenpunkt berechnen (siehe das entsprechende Video). Welchen Weg man wählt, ist letztlich Geschmackssache.

Die Idee mit der Hilfsebene kann auch für andere Zusammenhänge nützlich sein und dieser Weg ist an sich der anschaulichere, deshalb verwende ich ihn gerne als Standardverfahren.

Die Idee mit dem allgemeinen Geradenpunkt kommt allerdings auch in anderen Situationen vor, siehe z.B. Kapitel 6. Das Konzept des allgemeinen Geradenpunktes solltest du deshalb trotzdem beherrschen, auch wenn das zugehörige Verfahren zur Abstandsbestimmung nicht unbedingt notwendig ist.

# 9.2 Aufgaben

Den Anfang machen Beispiele zum Abstand Punkt - Ebene, an erster Stelle die im vorigen Kapitel schon angekündigten weiteren Aufgabentypen zur Kugel:

## 2014 A1 Aufgabe2

Gegeben ist die Ebene $E : 3x_2 + 4x_3 = 5$.

a) Beschreiben Sie die besondere Lage von E im Koordinatensystem. [1]

b) Untersuchen Sie rechnerisch, ob die Kugel mit Mittelpunkt $Z(1|6|3)$ [4] und Radius 7 die Ebene E schneidet.

Während f) eher standardmäßig lösbar ist, muss man sich bei g) etwas einfallen lassen. Empfehlenswert ist eine zweidimensionale Skizze:

## 2012 II

Das Prisma ist das Modell eines Holzkörpers, der auf einer durch die $x_1x_2$-Ebene beschriebenen horizontalen Fläche liegt. Der Punkt $M(5|6,5|3)$ ist der Mittelpunkt einer Kugel, die die Seitenfläche BSTC im Punkt W berührt.

f) Berechnen Sie den Radius r der Kugel sowie die Koordinaten von [6] W.

(*Teilergebnis: r = 1,5*)

Den Beginn dieser Aufgabe haben wir schon in Kapitel 1 behandelt. Hier noch einmal die wichtigsten Informationen, die zur weiteren Bearbeitung notwendig sind:
Die Seitenfläche BSTC liegt in der Ebene E: $3x_2 + 4x_3 - 24 = 0$ (als Zwischenergebnis gegeben).
Die Kante [CB] ist gegeben durch $B(10|8|0)$ und $C(10|4|3)$, es wurde auch eine Zeichnung angefertigt, die für die Veranschaulichung natürlich hilfreich ist:

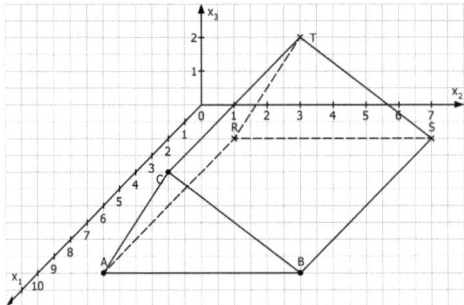

[5] g) Die Kugel rollt nun den Holzkörper hinab. Im Modell bewegt sich der Kugelmittelpunkt vom Punkt M aus parallel zur Kante [CB] auf einer Geraden g. Geben Sie eine Gleichung von g an und berechnen Sie im Modell die Länge des Wegs, den der Kugelmittelpunkt zurücklegt, bis die Kugel die $x_1 x_2$-Ebene berührt.

An dieser Stelle können wir auch noch die Berechnung der Flughöhe des Hubschraubers aus 2011 I nachholen, die wir im Kapitel 8 noch ausgelassen hatten:

**2011 I**

In einem Koordinatensystem sind die Punkte A(0|60|0), B(-80|60|60) und C(-80|0|60) gegeben.

Das Rechteck OABC ist das Modell eines steilen Hanggrundstücks; die positive $x_1$-Achse beschreibt die südliche, die positive $x_2$-Achse die östliche Himmelsrichtung (im Koordinatensystem: 1LE entspricht 1m, d.h. die Länge des Grundstücks in West-Ost-Richtung beträgt 60m.)

Ein Hubschrauber überfliegt das Grundstück entlang einer Linie, die im Modell durch die Gerade g: $\vec{X} = \begin{pmatrix} -20 \\ 40 \\ 40 \end{pmatrix} + \lambda \cdot \begin{pmatrix} 4 \\ 5 \\ -3 \end{pmatrix}, \lambda \in \mathbb{R}$, beschrieben wird.

[3] d) Weisen Sie nach, dass der Hubschrauber mit einem konstanten Abstand von 20m zum Hang fliegt.

benötigtes Teilergebnis: die Punkte A, B und C liegen in der Ebene E: $3x_1 + 4x_3 = 0$

Auch den Beginn der nächsten Aufgabe haben wir in Kapitel 7 schon bearbeitet.

**2017 B2**

Ein geschlossenes Zelt, das auf einem horizontalem Untergrund steht, hat die Form einer Pyramide mit quadratischer Grundfläche. Die von der Zeltspitze ausgehenden Seitenkanten werden durch vier gleich lange Stangen gebildet. Das Zelt ist 6m hoch, die Seitenlänge des Zeltbodens beträgt 5m.

Das Zelt wird in einem kartesischen Koordinatensystem 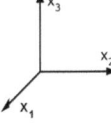 (vgl. Abb.) modellhaft durch eine Pyramide ABCDS mit der Spitze S(2,5|2,5|6) dargestellt. Der Punkt A liegt im Koordinatenursprung, C hat die Koordinaten (5|5|0). Der Punkt B liegt auf der $x_1$-Achse, D auf der $x_2$-Achse. Das Dreieck CDS liegt in der Ebene E: $12x_2 + 5x_3 = 60$. Eine Längeneinheit im Koordinatensystem entspricht einem Meter in der Realität.

d) Im Zelt ist eine Lichtquelle so aufgehängt, dass sie von jeder der [4] vier Wände den Abstand von 50cm hat. Ermitteln Sie die Koordinaten des Punkts, der im Modell die Lichtquelle darstellt.

Zur Bearbeitung ist die Zeichnung aus a) hilfreich:

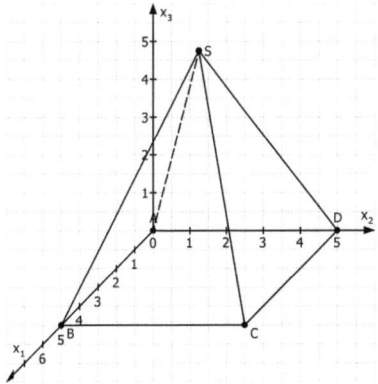

Kommen wir nun zum Abstand Punkt-Gerade. Von den Grundverfahren ist es vielleicht das aufwendigste, umso mehr solltest du es üben. Den Anfang macht der A-Teil aus dem letzten Abitur. In Aufgabengruppe 2 wurde der Schnitt Gerade-Ebene abgeprüft (das andere aufwendige Verfahren), hier nun der Abstand Punkt-Gerade:

**2021 A1**

Gegeben ist die Gerade g: $\overrightarrow{X} = \begin{pmatrix} 1 \\ 7 \\ 2 \end{pmatrix} + \lambda \cdot \begin{pmatrix} 3 \\ 4 \\ 0 \end{pmatrix}$, $\lambda \in \mathbb{R}$, sowie eine weitere Gerade h, welche parallel zu g ist und durch den Punkt A(2|0|0) verläuft. Der Punkt B liegt auf g so, dass die Geraden AB und h senkrecht zueinander sind.

[4] a) Bestimmen Sie die Koordinaten von B.

*(zur Kontrolle: B(-2|3|2))*

[1] b) Berechnen Sie den Abstand von g und h.

Das nächste Beispiel kennen wir aus Kapitel 7. Für diesen Abschnitt relevant ist c), die anderen Teilaufgaben erfordern Übersicht (d) bzw. typische Größenrechnung (e).

**2015 B1**

In einem kartesischen Koordinatensystem sind die Ebene E: $x_1 + x_3 = 2$, der Punkt A(0|$\sqrt{2}$|2) und die Gerade

g: $\overrightarrow{X} = \overrightarrow{A} + \lambda \cdot \begin{pmatrix} -1 \\ \sqrt{2} \\ 1 \end{pmatrix}$, $\lambda \in \mathbb{R}$, gegeben.

Die $x_1 x_2$-Ebene beschreibt modellhaft eine horizontale Fläche, auf der eine Achterbahn errichtet wurde. Ein gerader Abschnitt der Bahn beginnt im Modell im Punkt A und verläuft entlang der Geraden g. Der Vektor $\overrightarrow{v} = \begin{pmatrix} -1 \\ \sqrt{2} \\ 1 \end{pmatrix}$ beschreibt die Fahrtrichtung auf diesem Abschnitt.

An den betrachteten geraden Abschnitt der Achterbahn schließt sich - in Fahrtrichtung gesehen - eine Rechtskurve an, die im Modell durch einen Viertelkreis beschrieben wird, der in der Ebene E verläuft und den Mittelpunkt M(0|$3\sqrt{2}$|2) hat.

[5] c) Das Lot von M auf g schneidet g im Punkt B. Im Modell stellt B den Punkt der Achterbahn dar, in dem der gerade Abschnitt endet und die Kurve beginnt. Bestimmen Sie die Koordinaten von B und berechnen Sie den Kurvenradius im Modell.

*(Teilergebnis: B(-1|$2\sqrt{2}$|3))*

d) Das Ende der Rechtskurve wird im Koordinatensystem durch den [2] Punkt C beschrieben. Begründen Sie, dass für den Ortsvektor des Punkts C gilt: $\overrightarrow{C} = \overrightarrow{M} + \overrightarrow{v}$.

e) Ein Wagen der Achterbahn durchfährt den Abschnitt, der im Mo- [4] dell durch die Strecke [AB] und den Viertelkreis von B nach C dargestellt wird, mit einer durchschnittlichen Geschwindigkeit von 15 $\frac{m}{s}$. Berechnen Sie die Zeit, die der Wagen dafür benötigt, auf Zehntelsekunden genau, wenn eine Längeneinheit im Koordinatensystem 10m in der Realität entspricht.

## 2013 I

Ein auf einer horizontalen Fläche stehendes Kunstwerk besitzt einen Grundkörper aus massivem Beton, der die Form eines Spats hat. Alle Seitenflächen eines Spats sind Parallelogramme.

In einem Modell lässt sich der Grundkörper durch einen Spat ABCDPQRS mit A(28|0|0), B(28|10|0), D(20|0|0) und P(0|0|0) beschreiben (vgl. Abbildung). Die rechteckige Grundfläche ABQP liegt in der $x_1 x_2$-Ebene. Im Koordinatensystem entspricht eine Längeneinheit 0,1m, d.h. der Grundkörper ist 0,6m hoch.

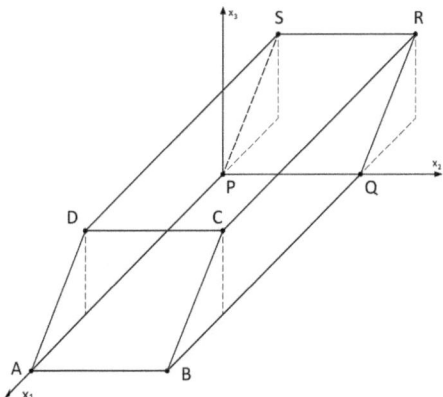

Der Grundkörper ist mit einer dünnen geradlinigen Bohrung versehen, die im Modell vom Punkt H(11|3|6) der Deckfläche DCRS aus in Richtung des Schnittpunkts der Diagonalen der Grundfläche verläuft. In der Bohrung ist eine gerade Stahlstange mit einer Länge von 1,4m so befestigt, dass die Stange zu drei Vierteln ihrer Länge aus der Deckfläche herausragt.

[4] h) Auf der Deckfläche des Grundkörpers liegt eine Stahlkugel mit einem Radius von 0,8m. Im Modell berührt die Kugel die Deckfläche des Spats im Punkt K. Beschreiben Sie, wie man im Modell rechnerisch überprüfen könnte, ob die Stahlkugel die Stange berührt, wenn die Koordinaten von K bekannt wären.

Auch diese Aufgabe wird dir bekannt vorkommen. In Kapitel 6 haben wir bei g) berechnet, dass die Bohrung entlang der Geraden h verläuft, deren Gleichung damit als bekannt vorausgesetzt werden kann.

Zum Abschluss kommt der Rest des Abiturs von 2019 (Beginn siehe Kap. 3). Die üblichen Verfahren zu Ebenen und Geraden sind hier überwiegend im Anwendungszusammenhang untergebracht. Ein gutes Training, wenn du schon etwas Routine hast.
In einer der Teilaufgaben ist auch der aktuelle Stoff versteckt.

## 2019 B1

Eine Geothermieanlage fördert durch einen Bohrkanal heißes Wasser aus einer wasserführenden Gesteinsschicht an die Erdoberfläche. In einem Modell entspricht die $x_1x_2$ -Ebene eines kartesischen Koordinatensystems der horizontal verlaufenden Erdoberfläche. Eine Längeneinheit im Koordinatensystem entspricht einem Kilometer in der Realität. Der Bohrkanal besteht aus zwei Abschnitten, die im Modell vereinfacht

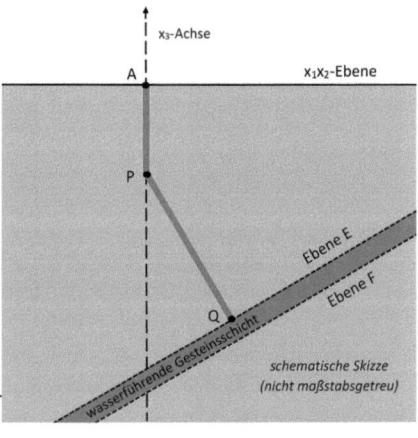

durch die Strecken [AP] und [PQ] mit den Punkten A(0|0|0), P(0|0|−1) und Q(1|1|−3,5) beschrieben werden (vgl. Abbildung).

Im Modell liegt die obere Begrenzungsfläche der wasserführenden Gesteinsschicht in der Ebene E und die untere Begrenzungsfläche in einer zu E parallelen Ebene F. Die Ebene E enthält den Punkt Q. Die Strecke [PQ] steht senkrecht auf der Ebene E (vgl. Abbildung).

c) Bestimmen Sie eine Gleichung der Ebene E in Normalenform.  [2]

(*zur Kontrolle: E* : $4x_1 + 4x_2 - 10x_3 - 43 = 0$)

d) Der Bohrkanal wird geradlinig verlängert und verlässt die wasser-  [6]
führende Gesteinsschicht in einer Tiefe von 3600m unter der Erdoberfläche. Die Austrittsstelle wird im Modell als Punkt R auf der
Geraden PQ beschrieben. Bestimmen Sie die Koordinaten von R
und ermitteln Sie die Dicke der wasserführenden Gesteinsschicht
auf Meter gerundet.

(*zur Kontrolle: $x_1$- und $x_2$-Koordinate von R: 1,04*)

Ein zweiter Bohrkanal wird benötigt, durch den das entnommene
Wasser abgekühlt zurück in die wasserführende Gesteinsschicht ge-
leitet wird. Der Bohrkanal soll geradlinig und senkrecht zur Erdoberfläche verlaufen. Für den Beginn des Bohrkanals an der Erdoberfläche kommen nur Bohrstellen in Betracht, die im Modell durch einen
Punkt B(t|-t|0) mit t $\in \mathbb{R}$ beschrieben werden können.

e) Zeigen Sie rechnerisch, dass der zweite Bohrkanal die wasserfüh-  [3]
rende Gesteinsschicht im Modell im Punkt T(t|-t|-4,3) erreicht,
und erläutern Sie, wie die Länge des zweiten Bohrkanals bis zur
wasserführenden Gesteinsschicht von der Lage der zugehörigen
Bohrstelle beeinflusst wird.

f) Aus energetischen Gründen soll der Abstand der beiden Stellen,  [4]
an denen die beiden Bohrkanäle auf die wasserführende Gesteinsschicht treffen, mindestens 1500m betragen. Entscheiden Sie auf
der Grundlage des Modells, ob diese Bedingung für jeden zweiten
Bohrkanal erfüllt wird.

weitere Aufgaben zum Üben:

- 2011 I e): Abstand Punkt-Gerade
- 2021 B2 d,e: Abstand Punkt-Ebene
- 2021 B1 g): Mittelpunkt einer Umkugel bestimmen

# 9.3 Lösungen

**Lösung zu 2014 A1 Aufgabe 2:**

a) Die $x_1$-Koordinate kommt in der Koordinatengleichung nicht vor $\Rightarrow$ E ist parallel zur $x_1$-Achse.

b) Prinzipiell könnte man mit dem üblichen Schnittpunktsverfahren (eine Gleichung in die andere einsetzen, hier die Ebenengleichung in die Kugelgleichung) versuchen, die Schnittmenge zu berechnen. Dies ist aber bei Ebene und Kugel ziemlich aufwändig und war auch noch nie zwingend notwendig. Deshalb solltest du auf jeden Fall zuerst nach einer einfacheren Lösungsmöglichkeit suchen!

Ob eine Kugel eine Ebene schneidet, erkennt man üblicherweise an ihrem Abstand (genauer: dem von ihrem Mittelpunkt) zur Ebene:

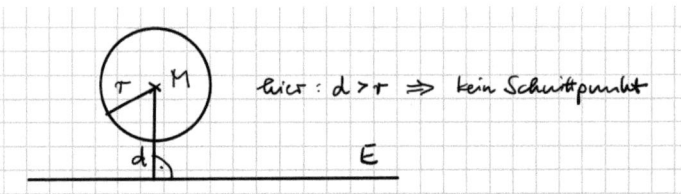

Berechnen wir also den Abstand von M zu E und vergleichen ihn mit dem Kugelradius r = 7:

$$|\vec{n}| = \left| \begin{pmatrix} 0 \\ 3 \\ 4 \end{pmatrix} \right| = \sqrt{9 + 16} = 5$$

$$\text{HNF von E} : \frac{1}{5}(3x_2 + 4x_3 - 5) = 0$$

Setzen wir nun die Koordinaten von M in die linke Seite der HNF von E ein:

$$d = \frac{1}{5}(3 \cdot 6 + 4 \cdot 3 - 5) = \frac{1}{5} \cdot 25 = 5 < 7 = r$$

$\Rightarrow$ Die Ebene wird also von der Kugel geschnitten.

**Lösung zu 2012 II:**

f) Hier ist bekannt, dass die Kugel die Ebene E berührt. Deshalb entspricht der Kugelradius dem Abstand Mittelpunkt - Ebene:

$$|\overrightarrow{n_E}| = \left| \begin{pmatrix} 0 \\ 3 \\ 4 \end{pmatrix} \right| = \sqrt{9+16} = 5$$

$$\text{HNF von E}: \frac{1}{5}(3x_2 + 4x_3 - 24) = 0$$

$$d = \frac{1}{5}(3 \cdot 6,5 + 4 \cdot 3 - 24) = \frac{1}{5} \cdot 7,5 = 1,5 = r$$

Den Berührpunkt W könnte man als Schnittpunkt der Ebene mit dem Lot von M auf E bestimmen (dann würde man auch schnell den Radius erhalten). Allerdings gibt es hier noch einen einfacheren Weg:

Um von M zu W zu gelangen, muss man die Länge 1,5 senkrecht in Richtung E zurücklegen. Allerdings ist das hier nicht die Richtung von $\overrightarrow{n_E}$, weil der Normalenvektor von der Ebene aus nach rechts oben zeigt (erkennbar an der positiven $x_3$-Koordinate):

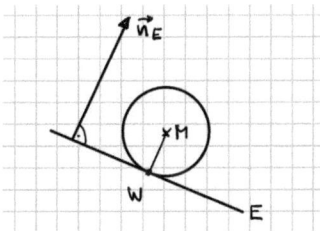

Also gehen wir von M aus 1,5 Schritte in Richtung $-\overrightarrow{n_E}$. Dazu nehmen wir den zugehörigen Einheitsvektor:

$$\overrightarrow{W} = \overrightarrow{M} - 1,5 \cdot \overrightarrow{n_E}^0 = \begin{pmatrix} 5 \\ 6,5 \\ 3 \end{pmatrix} - 1,5 \cdot \frac{1}{5} \begin{pmatrix} 0 \\ 3 \\ 4 \end{pmatrix} = \begin{pmatrix} 5 \\ 6,5 \\ 3 \end{pmatrix} - \begin{pmatrix} 0 \\ 0,9 \\ 1,2 \end{pmatrix} = \begin{pmatrix} 5 \\ 5,6 \\ 1,8 \end{pmatrix}$$

Der Berührpunkt besitzt somit die Koordinaten W(5|5,6|1,8).

g) Zuerst solltest du kurz skizzieren, wie das aussieht, wenn die Kugel die $x_1x_2$-Ebene berührt. Weil die Kugel parallel zu [CB] rollt, eignet sich dafür eine zweidimensionale Skizze aus der $x_1$-Richtung betrachtet:

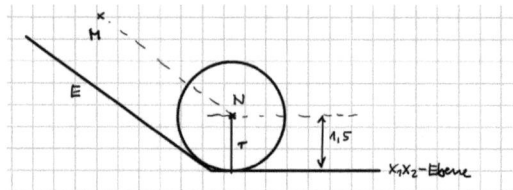

Berechnet werden soll die Länge der Strecke [MN]. Dazu benötigen wir die Koordinaten von N. Anhand der Skizze kannst du sehen, dass der Punkt N genau der Punkt der Geraden MN ist, der die $x_3$-Koordinate 1,5 besitzt.

Achtung: Mach dir klar, dass N nicht direkt senkrecht über dem Knick (= der Schnittgeraden der beiden Ebenen) liegt!

Berechnen können wir $\overrightarrow{N}$ über die entsprechende Geradengleichung. Dabei nehmen wir als Richtungsvektor einfach den Vektor $\overrightarrow{CB}$:

$$MN : \overrightarrow{X} = \begin{pmatrix} 5 \\ 6,5 \\ 3 \end{pmatrix} + \lambda \cdot \begin{pmatrix} 0 \\ 4 \\ -3 \end{pmatrix}$$

Betrachten wir die $x_3$-Koordinate: 3 -3λ soll 1,5 werden ⇒ $\lambda = 0,5$

Damit erhalten wir $\overrightarrow{N} = \begin{pmatrix} 5 \\ 6,5 \\ 3 \end{pmatrix} + 0,5 \cdot \begin{pmatrix} 0 \\ 4 \\ -3 \end{pmatrix} = \begin{pmatrix} 5 \\ 8,5 \\ 1,5 \end{pmatrix}$

und die gesuchte Länge

$$\left| \overrightarrow{MN} \right| = \left| \begin{pmatrix} 5 \\ 8,5 \\ 1,5 \end{pmatrix} - \begin{pmatrix} 5 \\ 6,5 \\ 3 \end{pmatrix} \right| = \left| \begin{pmatrix} 0 \\ 2 \\ -1,5 \end{pmatrix} \right| = \sqrt{4 + 2,25} = 2,5$$

**Lösung zu 2011 I:**

d) Die Flughöhe h des Hubschraubers über dem Grundstück entspricht dem Abstand des Aufpunkts der Geraden g von der Ebene E:

$$\left| \overrightarrow{n_E} \right| = \left| \begin{pmatrix} 3 \\ 0 \\ 4 \end{pmatrix} \right| = \sqrt{9 + 16} = 5$$

$$\text{HNF von E} : \frac{1}{5}(3x_1 + 4x_3) = 0$$

$$h = \frac{1}{5}(3 \cdot (-20) + 4 \cdot 40) = \frac{1}{5} \cdot 100 = 20$$

**Lösung zu 2017 B2:**

d) Bei dieser Aufgaben muss man zuerst erkennen, wie man vorgehen kann:
Ein guter Einstieg ist immer, sich zu fragen, wie einem die gegebenen Angaben weiterhelfen können.

Hier ist der Abstand von der Ebene gegeben, dafür sind die Koordinaten des Punkts unbekannt.
Der gegebene Abstand liefert mittels der HNF aber nur eine Gleichung für die drei unbekannten Koordinaten des Punktes. Deswegen muss man die anderen Angaben betrachten:
Die Abstände zu allen Wänden soll gleich groß sein. Das geht nur, wenn der Punkt eine besondere Lage besitzt. Dazu muss er nämlich auf der Höhe der Pyramide liegen. Das muss man halt sehen, ist aber mit Hilfe der Zeichnung normalerweise gut zu erkennen. Also gilt:

die $x_1$- und $x_2$-Koordinaten haben beide den Wert 2,5.

Damit ist also nur noch die $x_3$-Koordinate zu bestimmen. Dafür genügt die eine Gleichung, die der gegebene Abstand liefert:

$$|\overrightarrow{n_E}| = \left| \begin{pmatrix} 0 \\ 12 \\ 5 \end{pmatrix} \right| = \sqrt{144 + 25} = 13$$

$$\text{HNF von E} : \frac{1}{13}(12x_2 + 5x_3 - 60) = 0$$

Jetzt setzen wir die Koordinaten des Punktes ein; der Abstand soll 0,5 betragen:

$$
\begin{aligned}
\frac{1}{13}(12 \cdot 2,5 + 5x_3 - 60) &= 0,5 \\
30 + 5x_3 - 60 &= 6,5 \\
5x_3 &= 36,5 \\
x_3 &= 7,3
\end{aligned}
$$

Wenn man sich die Zeichnung ansieht, stellt man fest, dass die Spitze der Pyramide bei $x_3 = 6$ liegt. Folglich kann das Ergebnis nicht stimmen!

Wo liegt der Fehler?

Wir haben den Betrag bei der Abstandsberechnung vergessen! Normalerweise passiert das nicht, weil man das bei einem negativen Ergebnis einfach im Nachhinein korrigiert. Hier aber wirkt sich das aus! Es gibt tatsächlich zwei Lösungen, eine außerhalb und eine innerhalb des Zelts.

Also nochmal die Rechnung, jetzt aber richtig:

$$\left| \frac{1}{13}(12 \cdot 2,5 + 5x_3 - 60) \right| = 0,5$$
$$30 + 5x_3 - 60 = \pm 6,5$$
$$5x_3 = 30 \pm 6,5$$
$$x_3 = 7,3 \text{ oder } x_3 = 4,7$$

Damit sind die gesuchten Koordinaten (2,5|2,5|4,7).

**Lösung zu 2021 A1:**

a) kurze Skizze:

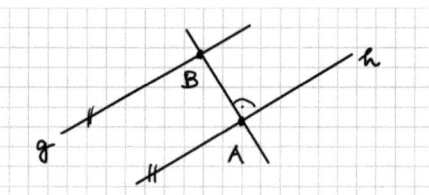

Man sieht schnell: das Problem entspricht der Bestimmung des Fußpunkts bei der Abstandsbestimmung zweier Parallelen.

Also los:

Hilfsebene H: $\vec{n} \circ \vec{A} = \begin{pmatrix} 3 \\ 4 \\ 0 \end{pmatrix} \circ \begin{pmatrix} 2 \\ 0 \\ 0 \end{pmatrix} = 6 \Rightarrow H : 3x_1 + 4x_2 - 6 = 0$

$$\begin{aligned} \text{Schnitt g mit H:} \quad 3(1 + 3\lambda) + 4(7 + 4\lambda) - 6 &= 0 \\ 3 + 9\lambda + 28 + 16\lambda - 6 &= 0 \\ 25 + 25\lambda &= 0 \\ \lambda &= -1 \end{aligned}$$

damit folgt $\quad \vec{B} = \begin{pmatrix} 1 \\ 7 \\ 2 \end{pmatrix} - 1 \cdot \begin{pmatrix} 3 \\ 4 \\ 0 \end{pmatrix} = \begin{pmatrix} -2 \\ 3 \\ 2 \end{pmatrix} \quad \Rightarrow B(-2|3|2)$

b) Also berechnet sich der gesuchte Abstand d von g und h zu

$$d = \left| \vec{B} - \vec{A} \right| = \left| \begin{pmatrix} -2 \\ 3 \\ 2 \end{pmatrix} - \begin{pmatrix} 2 \\ 0 \\ 0 \end{pmatrix} \right| = \left| \begin{pmatrix} -4 \\ 3 \\ 2 \end{pmatrix} \right| = \sqrt{16 + 9 + 4} = \sqrt{29}$$

**Lösung zu 2015 B1:**

c) Bei a) wurde schon eine Zeichnung angefertigt (siehe Kap. 6), eine zusätzliche Skizze schadet trotzdem nichts:

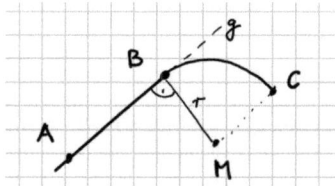

Auch hier steckt das Verfahren Abstand Punkt - Gerade dahinter, nämlich r = d(M,g).

Hilfsebene H:  $\vec{n_H} \circ \vec{M} = \begin{pmatrix} -1 \\ \sqrt{2} \\ 1 \end{pmatrix} \circ \begin{pmatrix} 0 \\ 3\sqrt{2} \\ 2 \end{pmatrix} = 6 + 2 = 8$

$\Rightarrow \; H : -x_1 + \sqrt{2}x_2 + x_3 - 8 = 0$

Schnitt g mit H:
$$\begin{aligned}
-1(-\lambda) + \sqrt{2}(\sqrt{2} + \sqrt{2}\lambda) + 1(2 + \lambda) - 8 &= 0 \\
\lambda + 2 + 2\lambda + 2 + \lambda - 8 &= 0 \\
4\lambda - 4 &= 0 \\
\lambda &= 1
\end{aligned}$$

damit folgt  $\vec{B} = \begin{pmatrix} 0 \\ \sqrt{2} \\ 2 \end{pmatrix} + 1 \cdot \begin{pmatrix} -1 \\ \sqrt{2} \\ 1 \end{pmatrix} = \begin{pmatrix} -1 \\ 2\sqrt{2} \\ 3 \end{pmatrix}$   $\Rightarrow B(-1|2\sqrt{2}|3)$

Für den Kurvenradius r ergibt sich:

$$\left| \vec{B} - \vec{M} \right| = \left| \begin{pmatrix} -1 \\ 2\sqrt{2} \\ 3 \end{pmatrix} - \begin{pmatrix} 0 \\ 3\sqrt{2} \\ 2 \end{pmatrix} \right| = \left| \begin{pmatrix} -1 \\ -\sqrt{2} \\ 1 \end{pmatrix} \right| = \sqrt{1 + 2 + 1} = 2$$

d) Gezeigt werden muss: $\vec{v} = \overrightarrow{MC}$

Weil MC parallel zu AB ist (Viertelkreis!), hat der Vektor $\overrightarrow{MC}$ die Richtung von $\vec{v}$.

Bleibt noch nachzuweisen, dass auch die Länge passt:

$|\vec{v}| = \sqrt{1+2+1} = 2 = r$, also stimmt die Aussage.

e) Hier kommt die Physik ins Spiel: Weg oder Zeit bei konstanter Geschwindigkeit zu berechnen, wird als Grundlagenwissen in der Mathematik vorausgesetzt, das wird dir auch in der Analysis immer wieder mal begegnen.

insgesamt zurückgelegte Strecke $\Delta s$:

Berechnet werden muss $|\overrightarrow{AB}|$+Viertelkreis $= |\overrightarrow{AB}| + \frac{1}{4}2r\pi$

Der Radius des Viertelkreises ist bei d) schon angegeben: Alles, was gezeigt werden soll, darf im Folgenden weiter verwendet werden. Deshalb solltest du, wenn etwas gezeigt werden soll, immer hellhörig werden: oft wird diese Aussage dann in folgenden Teilaufgaben benötigt.

für r gilt nach e):    r $= |\vec{v}| = 2$    und für $|\overrightarrow{AB}|$ gilt:

$$|\overrightarrow{AB}| = \left| \begin{pmatrix} -1 \\ 2\sqrt{2} \\ 3 \end{pmatrix} - \begin{pmatrix} 0 \\ \sqrt{2} \\ 2 \end{pmatrix} \right| = \left| \begin{pmatrix} -1 \\ \sqrt{2} \\ 1 \end{pmatrix} \right| = \sqrt{1+2+1} = 2$$

Für die Berechnung von $\Delta s$ ist noch die Längeneinheit zu berücksichtigen:

$$\Delta s = (2 + \tfrac{1}{4} \cdot 2 \cdot 2 \cdot \pi) \cdot 10m = (2 + \pi) \cdot 10m$$

Jetzt kommt die Physik:    aus $v = \frac{\Delta s}{\Delta t}$ folgt $\Delta t = \frac{\Delta s}{v}$ und damit

$$\Delta t = \frac{(2+\pi)10m}{15\frac{m}{s}} \approx 3,4s$$

(Den Wert für $\Delta s$ hätte man auch vorher schon explizit ausrechnen können. Dann hätte man aber mit dem Runden etwas aufpassen müssen: weil das Endergebnis auf Zehntelsekunden anzugeben ist, sollte man $\Delta s$ dann lieber etwas genauer runden, in diesem Fall auf 51,42m. Sonst besteht am Schluss die Gefahr von Rundungsfehlern.)

## Lösung zu 2013 I:

h) Eine gute Skizze ist hier schon die halbe Lösung:

(Die Maße müssen nicht stimmen, auch auf die Lage der Kugel und der Gerade kommt es nicht an. Es geht nur darum, dass du erkennst, welche Situation vorliegt, und das in möglichst kurzer Zeit.)

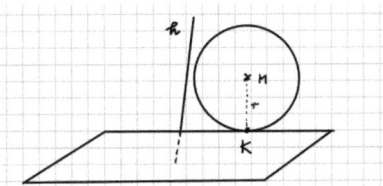

Die Kugel berührt die Stange genau dann, wenn der Abstand von M zu h r = 0,8m beträgt. Und die Koordinaten von M erhält man aus denen von K: $M(k_1|k_2|k_3 + 0,8)$.
Berechnet wird also der Abstand M - h.


## Lösung zu 2019 B1:

c) $\overrightarrow{PQ} = \begin{pmatrix} 1 \\ 1 \\ -2,5 \end{pmatrix}$ (schon aus a) bekannt) kann als Normalenvektor verwendet werden, Q dient als Aufpunkt:

$$\overrightarrow{n_E} \circ \overrightarrow{Q} = \begin{pmatrix} 1 \\ 1 \\ -2,5 \end{pmatrix} \circ \begin{pmatrix} 1 \\ 1 \\ -3,5 \end{pmatrix} = 1 + 1 + 8,75 = 10,75 \quad \text{und damit}$$

E: $x_1 + x_2 - 2,5x_3 - 10,75 = 0$.

(Das Zwischenergebnis erhält man, wenn man die Gleichung mit 4 multipliziert. Man hätte auch den Vektor $\overrightarrow{PQ}$ vorher schon mit 2 multiplizieren können, um ganzzahlige Koordinaten für $\overrightarrow{n_E}$ zu erhalten.)


d) Man könnte versucht sein, R als Schnittpunkt von PQ mit der unteren Ebene F zu bestimmen. Da sollte man aber schnell feststellen, dass man die Gleichung der unteren Ebene nicht kennt und dieser Weg somit nicht zielführend ist.
Wenn du den richtigen Weg nicht gleich siehst, solltest du den Punkt R in die Zeichnung eintragen (oder eine separate Skizze anfertigen) und noch einmal alle Angaben genau betrachten. Von R kennst du

nämlich die $x_3$-Koordinate $-3,6$:

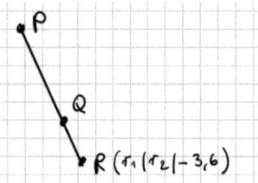

Also sieht man: Weil der Bohrkanal geradlinig verlängert wird, liegt R auf der Geraden PQ und hat die $x_3$-Koordinate $-3,6$. Das genügt zur Berechnung von $\lambda$:

$$\vec{R} = \begin{pmatrix} 0 \\ 0 \\ -1 \end{pmatrix} + \lambda \cdot \begin{pmatrix} 1 \\ 1 \\ -2,5 \end{pmatrix} = \begin{pmatrix} r_1 \\ r_2 \\ -3,6 \end{pmatrix}$$

$$\Rightarrow -1 + \lambda \cdot (-2,5) = -3,6$$
$$-2,5\lambda = -2,6$$
$$\lambda = 1,04 \quad \Rightarrow R(1,04|1,04|-3,6)$$

Dicke d der Gesteinsschicht: $\left|\vec{R} - \vec{Q}\right| = \left|\begin{pmatrix} 0,04 \\ 0,04 \\ -0,1 \end{pmatrix}\right| = \sqrt{0,0132}$

d ist auf Meter zu runden. Eine Einheit entspricht 1km, deshalb ergibt sich:

$$d = \sqrt{0,0132} \cdot 1000m \approx 0,11489 \cdot 1000m = 114,89m \approx 115m$$

e) Es gibt nur 3 BE, also muss es einigermaßen schnell gehen: Gesteinsschicht $\hat{=}$ Ebene E, zweiter Bohrkanal $\hat{=}$ Gerade h $\Rightarrow$ T = Schnittpunkt der beiden

Bohrkanal $\perp$ Erdoberfläche $\Rightarrow$ Richtungsvektor von h: $\vec{u} = \begin{pmatrix} 0 \\ 0 \\ 1 \end{pmatrix}$

damit h: $\vec{X} = \begin{pmatrix} t \\ -t \\ 0 \end{pmatrix} + \lambda \cdot \begin{pmatrix} 0 \\ 0 \\ 1 \end{pmatrix}$, eingesetzt in E ergibt sich

$$4t + 4(-t) - 10 \cdot \lambda - 43 = 0$$
$$-10\lambda = 43$$
$$\lambda = -4,3$$

$$\Rightarrow \vec{T} = \begin{pmatrix} t \\ -t \\ 0 \end{pmatrix} - 4,3 \cdot \begin{pmatrix} 0 \\ 0 \\ 1 \end{pmatrix} = \begin{pmatrix} t \\ -t \\ -4,3 \end{pmatrix} \Rightarrow T(t| -t| -4,3)$$

Einfluss der Lage der Bohrstelle auf die Länge des Bohrkanals:
Am besten die Länge (im Kopf) ausrechnen:

Wegen $\overrightarrow{BT} = \begin{pmatrix} 0 \\ 0 \\ -4,3 \end{pmatrix}$ beträgt diese immer 4,3km, unabhängig von
der Lage von B.

Alternative Begründung:
Weil der Bohrkanal ja senkrecht nach unten verläuft, entspricht seine
Länge dem Betrag der $x_3$-Koordinate von T. Dieser ist unabhängig
von der Lage von T.

f) Zu berechnen ist der kleinstmögliche Abstand vom Punkt Q zu
jedem möglichen Punkt T.
Was man jetzt sehen muss: die Punkte T liegen alle auf einer Geraden
s. Das kann man z.b. anhand der Koordinaten von T erkennen, die
ja eine Geradengleichung mit dem Parameter t darstellen.
(Man kann sich auch vorstellen, dass alle Bohrkanäle in einer Ebene liegen, die
zur $x_3$-Achse parallel sind. Die Gerade s wäre dann die Schnittgerade zwischen
dieser Ebene und der Ebene E. In e) haben wir gezeigt, dass diese Schnittgerade
parallel zur $x_1x_2$-Ebene in der Tiefe 4,3 verläuft).
Letztlich handelt es sich also um das Grundverfahren Abstand Punkt-
Gerade:

Gleichung der Geraden s: $\vec{X} = \begin{pmatrix} 0 \\ 0 \\ -4,3 \end{pmatrix} + \lambda \cdot \begin{pmatrix} 1 \\ -1 \\ 0 \end{pmatrix}$

Hilfsebene H: $\overrightarrow{n_H} \circ \vec{Q} = \begin{pmatrix} 1 \\ -1 \\ 0 \end{pmatrix} \circ \begin{pmatrix} 1 \\ 1 \\ -3,5 \end{pmatrix} = 0 \Rightarrow H : x_1 - x_2 = 0$

$$t \cap H : \quad \begin{aligned} \lambda - (-\lambda) &= 0 \\ 2\lambda &= 0 \\ \lambda &= 0 \quad \Rightarrow \text{ Fußpunkt } F(0|0| -4,3) \end{aligned}$$

Der gesuchte (minimale) Abstand von Q und s ist dann

$$\left|\vec{F} - \vec{Q}\right| = \left|\begin{pmatrix} -1 \\ -1 \\ -0,8 \end{pmatrix}\right| = \sqrt{2,64} \approx 1,62$$

Die Bedingung ist also für jeden Bohrpunkt erfüllt.

Alternative Lösungswege:

1. Nachdem die Gerade s hier sowieso schon in der Form des allgemeinen Geradenpunkts gegeben ist, könnte man den Abstand von Q zu s vielleicht schneller mit Hilfe des anderen Abstandsverfahrens berechnen.

2. Man könnte den Abstand von Q zu einem beliebigen Punkt T auch direkt berechnen:

$$\left|\vec{Q} - \vec{T}\right| = \left|\begin{pmatrix} 1 - t \\ 1 + t \\ 0,8 \end{pmatrix}\right| = \sqrt{(1-t)^2 + (1+t)^2 + 0,64} =$$

$$= \sqrt{1 - 2t + t^2 + 1 + 2t + t^2 + 0,64} = \sqrt{2,64 + 2t^2}$$

Dieser Abstand hängt natürlich von t (also der Lage des zweiten Bohrkanals) ab. Den minimalen Abstand erhält man für t = 0 zu d = $\sqrt{2,64}$ (das ergibt dann wie oben den Punkt F(0|0|-4,3)).

Bemerkung:

Diese letzten Teilaufgaben sind ein schönes Beispiel für Aufgaben, die man besser formal mit Hilfe der bekannten Grundverfahren (die man natürlich auch erst einmal in der Situation erkennen muss) bearbeitet. Es wäre hier nicht einfach, sich die Situation geometrisch vorzustellen und damit zu argumentieren.

In Kapitel 11 werden diese beiden prinzipiellen Lösungsansätze noch einmal genauer analysiert.

# 10 Spiegelungen und Projektionen

## 10.1 Grundlagen

Spiegelungen und Projektionen sind eigentlich nur spezielle Anwendungen der Verfahren aus den letzten beiden Kapiteln. Trotzdem wollte ich sie der Übersichtlichkeit halber in einem eigenen Abschnitt behandeln, auch weil sie in den letzten Jahren doch recht regelmäßig in der ein oder anderen Form im Abitur aufgetaucht sind.

Spiegelungen sind nichts sonderlich Kompliziertes, manchmal muss man sich die Situation aber geometrisch gut vorstellen können. So gut wie immer ist dabei eine Skizze hilfreich bis notwendig.

Projektionen kommen entweder als Anwendung für das Grundverfahren Schnitt Gerade-Ebene oder in spezielleren Situationen vor, die man mit einfacheren geometrischen Mitteln lösen kann.

Am häufigsten (und dafür haben wir sie auch schon oft eingesetzt) wirst du Projektionen bei den eigenen Skizzen benötigen: Jede zweidimensionale Skizze ist ja eigentlich eine Projektion.

("Von der Seite betrachten" wäre z.B eine senkrechte Projektion in die $x_1x_3$- oder die $x_2x_3$-Ebene, wenn man entlang einer Koordinatenrichtung schaut.)

Die Projektion auf einen Vektor mit Hilfe des Skalarprodukts wurde bislang noch nicht benötigt. Wenn solch eine Situation einmal vorliegen sollte, kann man sie aber auch mit Hilfe der Trigonometrie lösen, so wie das in dem entsprechenden Video beschrieben ist.

**Tipps für den Fernsehabend:**

- *Spiegelung an einer Ebene*
- *Die Punktspiegelung*
- *Skalarprodukt geometrisch* ($\hat{=}$ Projektion auf einen Vektor)

**Was gehört auf den Merkzettel?**

- Grundidee der **Punktspiegelung am Punkt Z**:

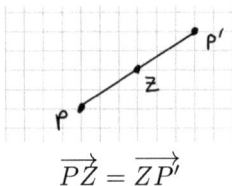

$$\overrightarrow{PZ} = \overrightarrow{ZP'}$$

- Grundidee der **Spiegelung an der Ebene E**:

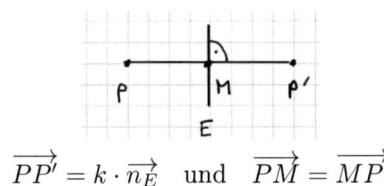

$$\overrightarrow{PP'} = k \cdot \overrightarrow{n_E} \quad \text{und} \quad \overrightarrow{PM} = \overrightarrow{MP'}$$

- Senkrechte Projektion in eine Koordinatenebene:

  Eine Koordinate wird Null, die anderen beiden bleiben erhalten.
  Bsp: Projektion in die $x_1 x_2$-Ebene

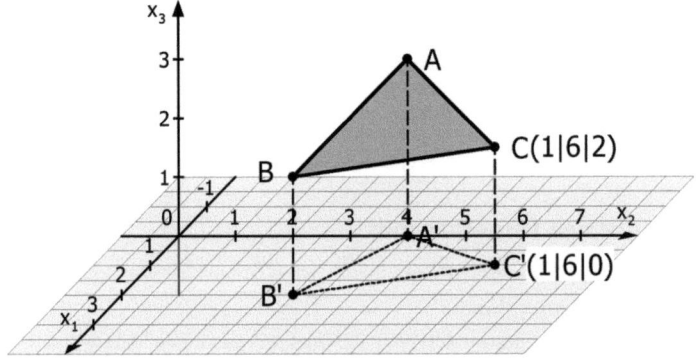

$\hat{=}$ Schatten bei Beleuchtung von oben

- Schräge Projektion in eine beliebige Ebene:

  Die Richtung (oft dargestellt durch Lichtstrahlen) ist meist durch eine Gerade gegeben.

  Standardverfahren für „Schattenpunkte":
  Schnitt Gerade-Ebene

# 10.2 Aufgaben

Die Punktspiegelung kommt selten vor. Hier ein Beispiel aus dem Abitur von 2016:

**2016 B1**

In einem kartesischen Koordinatensystem legen die Punkte A(6|3|3), B(3|6|3) und C(3|3|6) das gleichseitige Dreieck ABC fest.
Spiegelt man die Punkte A, B und C am Symmetriezentrum Z(3|3|3), so erhält man die Punkte A', B' bzw. C'.

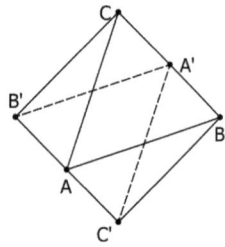

[3] b) Beschreiben Sie die Lage der Ebene, in der die Punkte A, B und Z liegen, im Koordinatensystem. Zeigen Sie, dass die Strecke [CC'] senkrecht auf dieser Ebene steht.

[4] c) Begründen Sie, dass das Viereck ABA'B' ein Quadrat mit der Seitenlänge $3\sqrt{2}$ ist.

Die nächste Aufgabe ist schon aus den Kapiteln 4 und 8 bekannt. Sie enthält in c) den klassischen Nachweis, dass zwei Punkte symmetrisch bezüglich einer Ebene liegen:

**2014 B1**

In einem kartesischen Koordinatensystem legen die Punkte A(4|0|0), B(0|4|0) und C(0|0|4) das Dreieck ABC fest, das in der Ebene $E : x_1 + x_2 + x_3 = 4$ liegt.

Das Dreieck ABC stellt modellhaft einen Spiegel dar. Der Punkt P(2|2|3) gibt im Modell die Position einer Lichtquelle an, von der ein Lichtstrahl ausgeht.

Der reflektierte Lichtstrahl geht für den Beobachter scheinbar von einer Lichtquelle aus, deren Position im Modell durch den Punkt Q(0|0|1) beschrieben wird.

[3] c) Zeigen Sie, dass die Punkte P und Q bezüglich der Ebene E symmetrisch sind.

Gespiegelt werden können nicht nur Punkte:

**2018 A1 Aufgabe 1**

Gegeben sind die Ebene E: $x_2 - 3x_3 = -19$ sowie die Punkte P(1|2|2), Q(1|-1|11) und S(-2|-4|5).

a) Zeigen Sie, dass S in der Ebene E liegt. [1]

b) Weisen Sie nach, dass die Gerade durch P und Q senkrecht zu E [2] steht.

c) Die Punkte P und Q haben den gleichen Abstand von der Ebene [2] E. Die Punkte S und P legen die Gerade g fest. Spiegelt man g an E, so erhält man die Gerade h. Geben Sie eine Gleichung von h an.

**2019 B2**

Die Abbildung zeigt den Würfel ABCDEFGH mit A(0|0|0) und G(5|5|5) in einem kartesischen Koordinatensystem. Die Ebene T schneidet die Kanten des Würfels unter anderem in den Punkten I(5|0|1), J(2|5|0), K(0|5|2) und L(1|0|5).

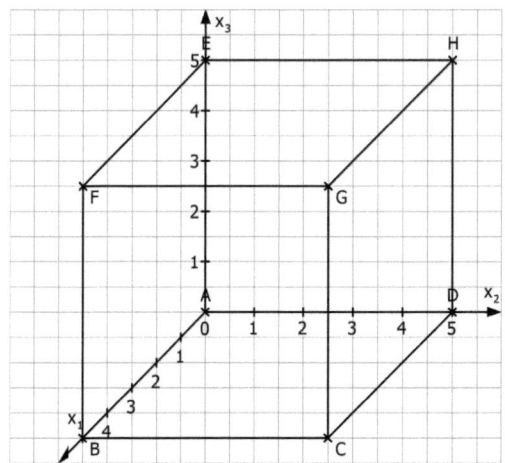

b) Ermitteln Sie eine Gleichung der Ebene T in Normalenform. [3]

(*zur Kontrolle:* T: $5x_1 + 4x_2 + 5x_3 - 30 = 0$)

Für a $\in \mathbb{R}^+$ ist die Gerade $g_a : \overrightarrow{X} = \begin{pmatrix} 2,5 \\ 0 \\ 3,5 \end{pmatrix} + \lambda \cdot \begin{pmatrix} 0 \\ -10a \\ \frac{2}{a} \end{pmatrix}$ mit $\lambda \in \mathbb{R}$

gegeben.

Für jedes a $\in \mathbb{R}^+$ liegt die Gerade $g_a$ in der Ebene U mit der Gleichung $x_1 = 2,5$.

[2] d) Ein beliebiger Punkt $P(p_1|p_2|p_3)$ des Raums wird an der Ebene U gespiegelt. Geben Sie die Koordinaten des Bildpunkts P' in Abhängigkeit von $p_1, p_2$ und $p_3$ an.

[4] e) Spiegelt man die Ebene T an U, so erhält man die von T verschiedene Ebene T'. Zeigen Sie, dass für einen bestimmten Wert von a die Gerade $g_a$ in der Ebene T liegt, und begründen Sie, dass diese Gerade $g_a$ die Schnittgerade von T und T' ist.

In den nächsten Aufgaben haben wir Beispiele für schräge Projektionen beim Schattenwurf. In diesen Fällen werden die Schatten aber nicht durch das Standardverfahren Schnitt Gerade-Ebene berechnet, sondern durch elementare geometrische Überlegungen erhalten.

**2017 B1**
In einem kartesischen Koordinatensystem sind die Punkte A(0|0|1), B(2|6|1), C(-4|8|5) und D(-6|2|5) gegeben. Sie liegen in einer Ebene E und bilden ein Viereck ABCD, dessen Diagonalen sich im Punkt M schneiden.

Ein Solarmodul wird an einem Metallrohr befestigt, das auf einer horizontalen Fläche senkrecht steht. Das Solarmodul wird modellhaft durch das Rechteck ABCD dargestellt. Das Metallrohr lässt sich durch eine Strecke, der Befestigungspunkt am Solarmodul durch den Punkt M beschreiben (vgl. Abbildung). Die horizontale Fläche liegt im Modell in der $x_1x_2$-Ebene des Koordinatensystems; eine Längeneinheit entspricht 0,8m in der Realität.

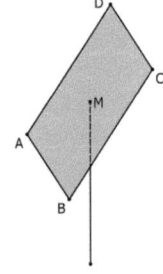

[5] e) Auf das Solarmodul fällt Sonnenlicht, das im Modell durch parallele Geraden dargestellt wird, die senkrecht zur Ebene E verlaufen. Das Solarmodul erzeugt auf der horizontalen Fläche einen rechteckigen Schatten.

Zeigen Sie unter Verwendung einer geeignet beschrifteten Skizze, dass der Flächeninhalt des Schattens mithilfe des Terms $|\overrightarrow{AB}| \cdot \frac{|\overrightarrow{AD}|}{\cos\varphi} \cdot (0,8m)^2$ berechnet werden kann.

Anmerkung: Dabei ist $\varphi$ der Neigungswinkel zwischen der Horizontalen und dem Solarmodul.

## 2018 B1

Auf einem Spielplatz wird ein dreieckiges Sonnensegel errichtet, um einen Sandkasten zu beschatten. Hierzu werden an drei Ecken des Sandkastens Metallstangen im Boden befestigt, an deren Enden das Sonnensegel fixiert wird.

In einem kartesischen Koordinatensystem stellt die $x_1x_2$-Ebene den horizontalen Boden dar. Der Sandkasten wird durch das Rechteck mit den Eckpunkten $K_1(0|4|0)$, $K_2(0|0|0)$, $K_3(3|0|0)$ und $K_4(3|4|0)$ beschrieben. Das Sonnensegel wird durch das ebene Dreieck mit den Eckpunkten $S_1(0|6|2,5)$, $S_2(0|0|3)$ und $S_3(6|0|2,5)$ dargestellt (vgl. Abbildung 1). Eine Längeneinheit im Koordinatensystem entspricht einem Meter in der Realität.

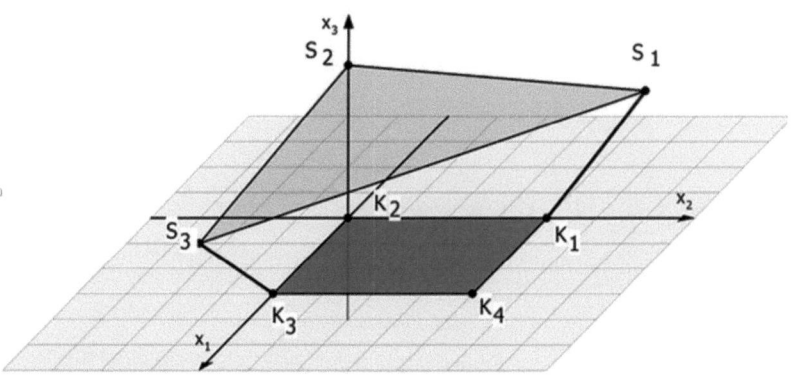

Abb. 1

Die drei Punkte $S_1, S_2$ und $S_3$ legen die Ebene E fest.

a) Ermitteln Sie eine Gleichung der Ebene E in Normalenform.          [4]

(zur Kontrolle: $E : x_1 + 2_2 + 12x_3 - 36 = 0$)

Auf das Sonnensegel fallen Sonnenstrahlen, die im Modell und in der Abbildung 1 durch parallele Geraden mit dem Richtungsvektor $\overrightarrow{S_1 K_1}$ dargestellt werden können. Das Sonnensegel erzeugt auf dem Boden einen dreieckigen Schatten. Die Schatten der mit $S_2$ bzw. $S_3$ bezeichneten Ecken des Sonnensegels werden mit $S_2'$ bzw. $S_3'$ bezeichnet.

[2]  c) Begründen Sie ohne weitere Rechnung, dass $S_2'$ auf der $x_2$-Achse liegt.

[3]  d) $S_3'$ hat die Koordinaten (6|-2|0). Zeichnen Sie das Dreieck, das den Schatten des Sonnensegels darstellt, in Abbildung 1 ein. Entscheiden Sie anhand der Zeichnung, ob mehr als die Hälfte des Sandkastens beschattet ist.


weitere Aufgaben zum Üben:

- 2005 (Grundkurs) V e,f: Projektion und Schatten einer Pyramide

# 10.3 Lösungen

**Lösung zu 2016 B1:**

b) Alle Punkte haben die $x_3$-Koordinate 3.

⇒ Die Ebene liegt parallel zur $x_1x_2$-Ebene in der Höhe 3.

Ein Normalenvektor wäre dann $\vec{n} = \begin{pmatrix} 0 \\ 0 \\ 1 \end{pmatrix}$.

Der Punkt C liegt genau 3 Einheiten über Z, deshalb liegt C' genau drei Einheiten unterhalb von Z: C'(3|3|0)

$\overrightarrow{CC'} = \begin{pmatrix} 0 \\ 0 \\ -6 \end{pmatrix}$ ist ein Vielfaches und somit parallel zu $\vec{n}$, damit steht

die Strecke [CC'] senkrecht auf der Ebene.

c) Wie so oft empfiehlt sich auch hier eine zweidimensionale Skizze, die letztlich der Projektion in die $x_1x_2$-Ebene entspricht:

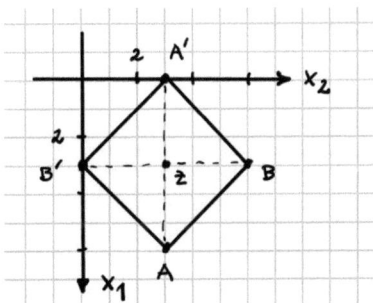

Aus der Punktspiegelung folgt: Die Diagonalen [AA'] und [BB'] schneiden sich in Z und haben beide die Länge 6. Außerdem stehen sie aufeinander senkrecht und halbieren sich gegenseitig.

⇒ ABA'B' ist ein Quadrat.

(Diese Begründung ist hier deutlich schneller als der Standardweg!)

Die Seitenlängen berechnet man z.B. mit Pythagoras:

$s = \sqrt{3^2 + 3^2} = \sqrt{18} = 3\sqrt{2}$.

**Lösung zu 2014 B1:**

a) Nachzuweisen ist z.B.:

QP ist senkrecht auf E und der Mittelpunkt M von [QP] liegt in E

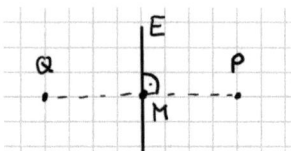

$$\overrightarrow{QP} = \begin{pmatrix} 2 \\ 2 \\ 2 \end{pmatrix} = 2 \cdot \overrightarrow{n_E} \quad \Rightarrow \quad \overrightarrow{QP} \perp E$$

$$\overrightarrow{M} = \tfrac{1}{2}\left(\overrightarrow{Q} + \overrightarrow{P}\right) = \begin{pmatrix} 1 \\ 1 \\ 2 \end{pmatrix}$$

M in E einsetzen: $1 + 1 + 2 = 4$ ist erfüllt $\Rightarrow$ M $\in$ E

Damit liegen Q und P symmetrisch zu E.


**Lösung zu 2018 A1 Aufgabe1:**

a) S in E : $-4 - 3(-5) = -4 - 15 = -19$ ist erfüllt $\Rightarrow$ S $\in$ E

b) $\overrightarrow{PQ} = \begin{pmatrix} 0 \\ -3 \\ 9 \end{pmatrix} = -3 \cdot \begin{pmatrix} 0 \\ 1 \\ -3 \end{pmatrix} = -3 \cdot \overrightarrow{n_E} \quad \Rightarrow \quad \overrightarrow{QP} \perp E$

c) Hier geht es kaum ohne Skizze:

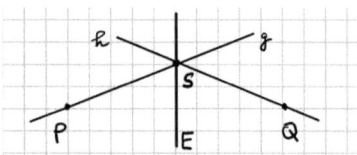

Die Idee ist: Eine gespiegelte Gerade erhält man durch Spiegeln von zwei Punkten.

Hier wären das S (bleibt beim Spiegeln gleich) und P, der auf Q gespiegelt wird.

Eine mögliche Gleichung für h wäre dann:

$$h : \overrightarrow{X} = \overrightarrow{Q} + \lambda \cdot \overrightarrow{QS} = \begin{pmatrix} 1 \\ -1 \\ 11 \end{pmatrix} + \lambda \cdot \begin{pmatrix} -3 \\ -3 \\ -6 \end{pmatrix}$$

**Lösung zu 2019 B2:**

b) Es gilt $\overrightarrow{IL} = \begin{pmatrix} -4 \\ 0 \\ 4 \end{pmatrix}$ und $\overrightarrow{IJ} = \begin{pmatrix} -3 \\ 5 \\ -1 \end{pmatrix}$ und damit

$$\overrightarrow{IL} \times \overrightarrow{IJ} = \begin{pmatrix} -20 \\ -16 \\ -20 \end{pmatrix} = -4 \cdot \begin{pmatrix} 5 \\ 4 \\ 5 \end{pmatrix} = -4 \cdot \overrightarrow{n}$$

Nimmt man I(5|0|1) als Aufpunkt, ergibt sich $\overrightarrow{n} \circ \overrightarrow{I} = 25 + 5 = 30$ und für T die Gleichung:

$$T: \quad 5x_1 + 4x_2 + 5x_3 - 30 = 0$$

d) Keine so angenehme Aufgabe!
Man muss sich zuerst klarmachen, wie die Ebene U: $x_1 = 2,5$ im Koordinatensystem liegt: Sie besteht aus allen Punkten mit der $x_1$-Koordinate 2,5, liegt also parallel zur $x_2x_3$-Ebene im Abstand 2,5. Am besten macht man auch hier eine kleine Skizze:

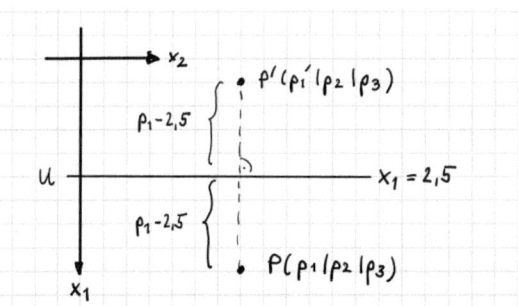

(hier wird die Situation aus der $x_3$-Richtung betrachtet)

Die $p_2$- und $p_3$-Koordinaten bleiben beim Spiegeln an U gleich.

Für $p_1'$ gilt: $p_1' = 2,5 - (p_1 - 2,5) = 5 - p_1 \Rightarrow P(5 - p_1|p_2|p_3)$

Man könnte auch, wenn man den allgemeinen Weg nicht findet, anhand eines Beispiels auf den Wert von $p_1'$ kommen.

(z.B. wie gezeichnet: $p_1 = 4,5 \Rightarrow p_1' = 0,5 \Rightarrow p_1' = 5 - p_1$)

Ein Lösungsweg ist hier wegen „Geben Sie ... an" ja nicht verlangt.

e) Bei so kompliziert klingenden Aufgaben ist es oft ratsam, schrittweise und ganz formal vorzugehen:
g liegt in U, wenn der Aufpunkt enthalten ist und der Richtungsvektor senkrecht auf dem Normalenvektor steht.

(2,5|0|3,5) in T eingesetzt ergibt

$5 \cdot 2,5 + 5 \cdot 3,5 - 30 = 12,5 + 17,5 - 30 = 0$, der Aufpunkt liegt also in der Ebene T.

a wird bestimmt durch $\begin{pmatrix} 5 \\ 4 \\ 5 \end{pmatrix} \circ \begin{pmatrix} 0 \\ -10a \\ \frac{2}{a} \end{pmatrix} = -40a + \frac{10}{a} = 0$

$$\text{Lösen der Gleichung}: \quad \frac{10}{a} = 40a$$
$$10 = 40a^2$$
$$a^2 = \frac{1}{4}$$
$$a = \pm 0,5$$

Weil a positiv sein soll, liegt also nur für a = 0,5 die Gerade $g_a$ in T.

Um beantworten zu können, dass $g_{0,5}$ die Schnittgerade von T und T' ist, muss man sich die Situation von gespiegelten Ebenen vorstellen.

Als Anschauungshilfe könnte ein Satz von drei Ebenen (Pappscheiben) dienen. Alternativ geht auch das Angabenheft im Abitur:

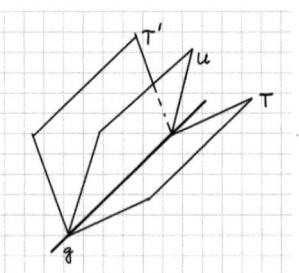

Wenn zwei Ebenen symmetrisch zu einer anderen Ebene (hier U) liegen, dann muss ihre Schnittgerade in der Spiegelebene liegen (nur dort ändern Punkte beim Spiegeln ihre Lage nicht!).
Hier ist bekannt: $g_{0,5}$ liegt in T und $g_{0,5}$ liegt laut Angabe in U
$\Rightarrow g_{0,5}$ liegt auch in T'.

**Lösung zu 2017 B1:**

e) Auch hier ist der Schlüssel die zweidimensionale Betrachtung aus der richtigen Richtung. Um auf die passende Skizze zu kommen, gibt es die folgenden Hinweise:
- im Term für die Fläche kommt die Länge $|\overrightarrow{AB}|$ unverändert vor
- AB verläuft waagrecht in der Höhe $x_3 = 1$, DC in der Höhe $x_3 = 5$
- Der Winkel $\varphi$ sollte vermutlich in der Skizze auftreten

Es kommt also hauptsächlich auf die Länge $|\overrightarrow{AD}|$ an, deshalb zeichnet man das Ganze von der Seite aus betrachtet:

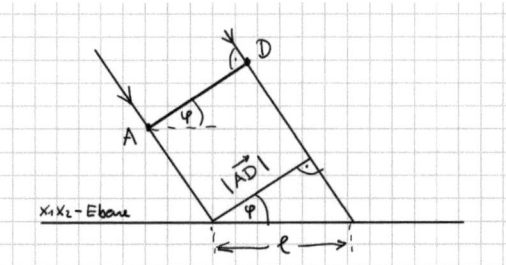

Die beiden Seitenlängen des rechteckigen Schattens sind dann $|\overrightarrow{AB}|$ und $l$.

$$\text{Für } l \text{ gilt:} \quad \frac{|\overrightarrow{AD}|}{l} = \cos\varphi$$

$$\Rightarrow l = \frac{|\overrightarrow{AD}|}{\cos\varphi}$$

Eine Längeneinheit $\hat{=}\, 0{,}8m \Rightarrow$
Breite $= |\overrightarrow{AB}| \cdot 0{,}8m$, Länge $= \frac{|\overrightarrow{AD}|}{\cos\varphi} \cdot 0{,}8m$, und für die Schattenfläche ergibt sich deswegen

$$A_{Schatten} = |\overrightarrow{AB}| \cdot \frac{|\overrightarrow{AD}|}{\cos\varphi} \cdot (0{,}8m)^2$$

**Bemerkung:**

Man hätte die Eckpunkte des Schattenrechtecks auch mit Hilfe des Schnitts der Sonnenstrahl-Geraden mit der Horizontalen berechnen können, hier war aber explizit der Weg mit Hilfe der Skizze verlangt. Der angegebenen Term wäre mit der Schnittpunktsberechnung ja auch nicht herleitbar gewesen.

**Lösung zu 2018 B1:**

a) Es gilt $\overrightarrow{S_2S_3} = \begin{pmatrix} 6 \\ 0 \\ -0,5 \end{pmatrix}$ und $\overrightarrow{S_2S_1} = \begin{pmatrix} 0 \\ 6 \\ -0,5 \end{pmatrix}$ und damit

$$\overrightarrow{S_2S_3} \times \overrightarrow{S_2S_1} = \begin{pmatrix} 3 \\ 3 \\ 36 \end{pmatrix} = 3 \cdot \begin{pmatrix} 1 \\ 1 \\ 12 \end{pmatrix} = 3 \cdot \overrightarrow{n_E}$$

Nimmt man $S_2(0|0|3)$ als Aufpunkt, ergibt sich $\overrightarrow{n_E} \circ \overrightarrow{S_2} = 36$ und für E die Gleichung:

$$E: \quad x_1 + x_2 + 12x_3 - 36 = 0$$

c) Die Sonnenstrahlen sind parallel zu $\overrightarrow{S_1K_1}$ und damit auch zur $x_2x_3$-Ebene. Deshalb liegt auch $\overrightarrow{S_2S_2'}$ in der $x_2x_3$-Ebene. Weil $S_2'$ als Schattenpunkt auf dem Boden ($\hat{=} x_1x_2$-Ebene) liegen muss, liegt er auf der $x_2$-Achse.

d) Um das Dreieck einzuzeichnen, benötigen wir die Koordinaten von $S_2'$, sprich seine $x_2$-Koordinate.

Diese könnte man jetzt klassisch rechnerisch mit Hilfe des Verfahrens Schnitt Gerade-Ebene bestimmen. Nachdem hier aber kein Rechenweg verlangt und die Situation recht einfach ist, geht es auch schneller:

Betrachten wir $S_1$: sein Schatten $K_1$ liegt um 2 versetzt auf der $x_2$-Achse.

Achtung: Für $S_2$ gilt das aber nicht, weil seine $x_3$-Koordinate nicht 2,5, sondern 3 beträgt.

In Gedanken kann man nun den Dreisatz anwenden:

Für jeden 0,5-Schritt nach unten wandert der Schattenpunkt um 0,4 nach links (bei $S_1$ sind es 5 Schritte, um 2 nach links zu kommen). Dann geht es bei $S_2'$ folglich um $6 \cdot 0,4 = 2,4$ Schritte nach links.
$\Rightarrow S_2'(0| -2,4|0)$

Damit lässt sich das Schattendreieck einzeichnen:

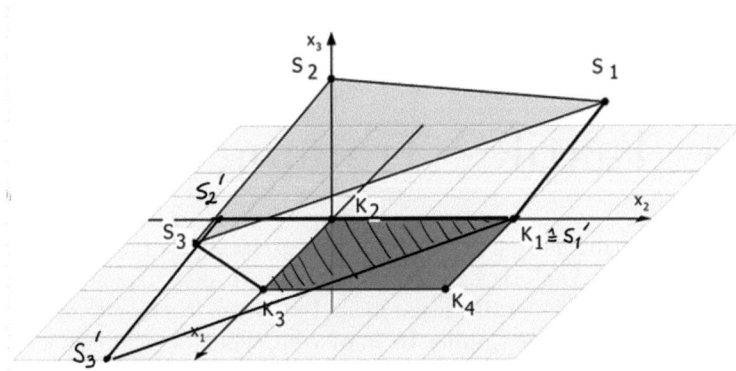

Anhand der Zeichnung ist dann direkt zu erkennen, dass mehr als die Hälfte des Sandkastens beschattet ist.

# 11 Taktik - Training

Jetzt gilt es, die ganzen erworbenen Fähigkeiten zusammenzuführen. Gerade in der Analytischen Geometrie hängen die einzelnen Aufgabenteile meist sehr stark zusammen. Es ist entscheidend, hier den Überblick zu behalten und z.b. immer zu sehen, welche Tatsachen aus vorhergehenden Teilaufgaben bekannt sind. Unten stelle ich die aus meiner Sicht wichtigsten Punkte zusammen, wie man bei der Bearbeitung von Geometrie-Aufgaben taktisch geschickt vorgehen kann.

In diesem Kapitel werden deshalb zwei vollständige Geometrie-Teile behandelt. Der erste repräsentiert Aufgabentypen mit sehr anschaulichen und speziellen Situationen, die durch eine detaillierte Zeichnung sichtbar gegeben sind. Der zweite steht für die eher abstrakteren Aufgaben, bei denen man weniger anschaulich vorgehen kann, sondern die Fragen besser mit den formalen Verfahren bearbeitet. Natürlich sind bei den meisten Aufgaben beide Aspekte beteiligt, aber es ist oft wichtig, zu erkennen, wann man mit Hilfe der Anschauung oder wann man besser formal vorgehen sollte. Das wird anhand dieser Beispiele hoffentlich deutlich werden.

Die eigentlichen Lösungsvorschläge halte ich in diesem Kapitel so ausführlich bzw. knapp, wie ich es für eine Bearbeitung der Aufgaben im Abitur angemessen finden würde (bisher waren die Lösungen meist deutlich umfangreicher). Die Kommentare und Hinweise bezüglich des taktischen Vorgehens erscheinen in einer kleineren Schriftgröße, so dass du das gut auseinanderhalten kannst.

## Was gibt es taktisch zu beachten?

- Immer darauf achten, welcher Operator in der Aufgabenstellung verwendet wird

  „Operatoren" sind die Anweisungen, die in der Aufgabenstellung formuliert werden und die dir signalisieren, wie deine Antwort bzw. Lösung aussehen soll.
  Bei „angeben" genügt z.B. die reine Angabe des Ergebnisses,

Lösungswege sind hier nicht nötig. Bei „ermitteln", „berechnen",
„bestimmen" dagegen muss immer ein Lösungsweg angegeben
werden.

(Im Anhang findest du eine Liste mit den gängigen Operatoren und
den Erwartungen, wie die Bearbeitung der Aufgabenstellung dann
jeweils erfolgen soll.)

- Zwischenergebnisse verwenden

  Wenn Zwischenergebnisse angegeben werden, heißt das normalerweise, dass du diese in den folgenden Teilaufgaben benötigen
  wirst. Das gibt dir damit meistens auch einen Hinweis darauf,
  wie die nächsten Teilaufgaben zu bearbeiten sind!

  Wenn du bei deiner Lösung nicht auf das angegebene Zwischenergebnis kommst, dann verwende im weiteren Verlauf trotzdem
  das angegebene Ergebnis.

  Beachte, dass auch in der Aufgabenstellung oft Zwischenergebnisse „verraten" werden. Immer wenn es z.B. heißt, „Zeigen Sie,
  dass gilt...", kann diese zu zeigende Aussage in der Folge als
  bekannt vorausgesetzt werden!

- Spezielle geometrische Situationen ausnützen

  Bei vielen Aufgaben sind Zeichnungen angegeben und oft sind
  die geometrischen Situationen so speziell, dass man verschiedene Größen direkt ablesen kann, z.B.:

  - Streckenlängen
  - rechte Winkel
  - Höhen von Pyramiden
  - besondere Lagen von Geraden oder Ebenen
  - Abstände

  In diesen Fällen kannst du Rechenwege oft etwas kürzer gestal-
  ten. (Achte trotzdem immer darauf, welcher Operator verwendet wurde!)

  Auch viele Aufgabenstellungen lassen sich einfacher bearbeiten,
  wenn man die spezielle geometrische Situation verwendet, z.B.
  Höhen von Pyramiden bestimmen/ablesen, Abstände berechnen usw. Dafür finden sich im unten angegeben Abitur 2012 I
  einige Beispiele.

- Skizzen anfertigen

  Das hast du bei den Lösungsvorschlägen ja schon zur Genüge
  gesehen. Bei vielen Teilaufgaben tut man sich mit einer kleinen
  Skizze einfach leichter. In den meisten Fällen wird das außerdem eine zweidimensionale Skizze sein, d.h. du musst anhand
  der Aufgabenstellung erkennen, aus welcher Richtung du die
  Situation am besten betrachtest.

- Standardverfahren entdecken und formal vorgehen

  Oft kann man auch keine besondere geometrische Situation erkennen oder sich durch eine anschauliche Vorstellung das Leben
  leichter machen. Dann ist meist der Schlüssel, eines der geometrischen Grundverfahren in der Aufgabenstellung zu entdecken
  und anzuwenden. Dazu achtest du am besten darauf, was gegeben ist, z.B. Ebenen oder Geraden. Dann kommt man mit
  dem Ausschlussverfahren normalerweise recht verlässlich zum
  richtigen Verfahren wie z.B. Schnitt Gerade-Ebene.

# 11.1 Aufgaben

Die erste Aufgabe gehört zu der Sorte, bei denen eine sehr anschauliche und besondere Situation vorliegt. Das sollte bzw. muss man bei der Bearbeitung der einzelnen Teilaufgaben auch ausnützen. An einer Stelle sind die Aufgabensteller mit der Verwendung der Anschaulichkeit aber etwas über das Ziel hinausgeschossen. Es ist ganz lehrreich zu sehen, worauf man in dieser Hinsicht eventuell gefasst sein sollte.

**2012 I**

Abbildung 1 zeigt modellhaft ein Dachzimmer in der Form eines geraden Prismas. Der Boden und zwei Seitenwände liegen in den Koordinatenebenen. Das Rechteck ABCD liegt in einer Ebene E und stellt den geneigten Teil der Deckenfläche dar.

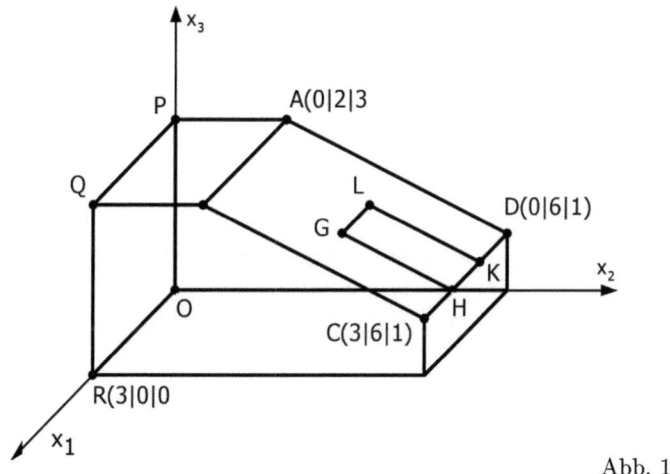

Abb. 1

a) Bestimmen Sie eine Gleichung der Ebene E in Normalenform. [4]

(*mögliches Ergebnis:* $E : x_2 + 2x_3 - 8 = 0$)

b) Berechnen Sie den Abstand des Punkts R von der Ebene E. [2]

Im Koordinatensystem entspricht eine Längeneinheit 1m, d.h. das Zimmer ist an seiner höchsten Stelle 3m hoch.

Das Rechteck GHKL mit G(2|4|2) hat die Breite $\overline{GL} = 1$. Es liegt in der Ebene E, die Punkte H und K liegen auf der Geraden

CD. Das Rechteck stellt im Modell ein Dachflächenfenster dar; die Breite des Fensterrahmens soll vernachlässigt werden.

[5]  c)  Geben Sie die Koordinaten der Punkte L, H und K an und bestimmen Sie den Flächeninhalt des Fensters.

*(zur Kontrolle: $\overline{GH} = \sqrt{5}$)*

[6]  d)  Durch das Fenster einfallendes Sonnenlicht wird im Zimmer durch parallele Geraden mit dem Richtungsvektor $\vec{v} = \begin{pmatrix} -2 \\ -8 \\ -1 \end{pmatrix}$ repräsentiert. Eine dieser Geraden verläuft durch den Punkt G und schneidet die Seitenwand OPQR im Punkt S. Berechnen Sie die Koordinaten von S sowie die Größe des Winkels, den diese Gerade mit der Seitenwand OPQR einschließt.

[4]  e)  Das Fenster ist drehbar um eine Achse, die im Modell durch die Mittelpunkte der Strecken [GH] und [LK] verläuft. Die Unterkante des Fensters schwenkt dabei in das Zimmer; das Drehgelenk erlaubt eine zum Boden senkrechte Stellung der Fensterfläche. Bestimmen Sie die Koordinaten des Mittelpunkts M der Strecke [GH] und bestätigen Sie rechnerisch, dass das Fenster bei seiner Drehung den Boden nicht berühren kann.

*(Teilergebnis: M(2|5|1,5))*

Abbildung 2 zeigt ein quaderförmiges Möbelstück, das 40cm hoch ist. Es steht mit seiner Rückseite flächenbündig an der Wand unter dem Fenster. Seine vordere Oberkante liegt im Modell auf der Geraden

$$k : \vec{X} = \begin{pmatrix} 0 \\ 5,5 \\ 0,4 \end{pmatrix} + \lambda \cdot \begin{pmatrix} 1 \\ 0 \\ 0 \end{pmatrix}, \lambda \in \mathbb{R}.$$

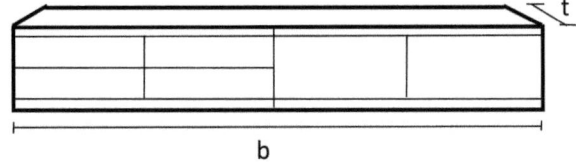

b                                                                  Abb. 2

[4]  f)  Ermitteln Sie mithilfe von Abbildung 2 die Breite des Möbelstücks möglichst genau.
        Bestimmen Sie mithilfe der Gleichung der Geraden k die Tiefe t des Möbelstücks und erläutern Sie ihr Vorgehen.

[5] g) Überprüfen Sie rechnerisch, ob das Fenster bei seiner Drehung am Möbelstück anstoßen kann.

Der nächste Abiturvorschlag sieht zwar auf den ersten Blick auch anschaulich aus, aber bei den einzelnen Teilaufgaben kommt man mit der Anschauung meist nicht so weit. Hier ist der formale Weg dann oft schneller und einfacher.

Wer sehen will, wie die Sonnenuhr im Original aussieht („Abbildung 1", Foto an dieser Stelle nicht abgedruckt), findet das entsprechende Bild z.B. auf den Seiten isb.bayern.de oder abiturloesung.de.

## 2015 B2

Abbildung 1 zeigt eine Sonnenuhr mit einer gegenüber der Horizontalen geneigten, rechteckigen Grundplatte, auf der sich ein kreisförmiges Ziffernblatt befindet. Auf der Grundplatte ist der Polstab befestigt, dessen Schatten bei Sonneneinstrahlung die Uhrzeit auf dem Ziffernblatt anzeigt.

Eine Sonnenuhr dieser Bauart wird in einem kartesischen Koordinatensystem modellhaft dargestellt (vgl. Abbildung 2). Dabei beschreibt das Rechteck ABCD mit A(5|-4|0) und B(5|4|0) die Grundplatte der Sonnenuhr.

Der Befestigungspunkt des Polstabs auf der Grundplatte wird im Modell durch den Diagonalenschnittpunkt $M(2,5|0|2)$ des Rechtecks ABCD dargestellt. Eine Längeneinheit im Koordinatensystem entspricht 10cm in der Realität. Die Horizontale wird im Modell durch die $x_1x_2$-Ebene beschrieben.

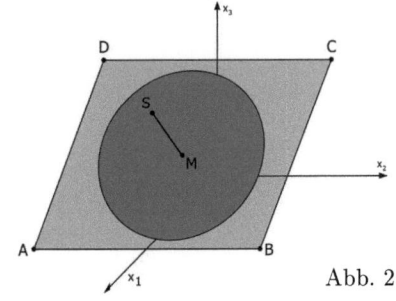

Abb. 2

a) Bestimmen Sie die Koordinaten des Punkts C. Ermitteln Sie eine Gleichung der Ebene E, in der das Rechteck ABCD liegt, in Normalenform. [5]

(*mögliches Teilergebnis: E* : $4x_1 + 5x_3 - 20 = 0$)

b) Die Grundplatte ist gegenüber der Horizontalen um den Winkel [4] $\alpha$ geneigt. Damit man mit der Sonnenuhr die Uhrzeit korrekt bestimmen kann, muss für den Breitengrad $\varphi$ des Aufstellungsorts der Sonnenuhr $\alpha + \varphi = 90°$ gelten. Bestimmen Sie, für welchen Breitengrad $\varphi$ die Sonnenuhr gebaut wurde.

[3]  c) Der Polstab wird im Modell durch die Strecke [MS] mit S(4,5|0|4,5) dargestellt. Zeigen Sie, dass der Polstab senkrecht auf der Grundplatte steht, und berechnen Sie die Länge des Polstabs auf Zentimeter genau.

Sonnenlicht, das an einem Sommertag zu einem bestimmten Zeitpunkt $t_0$ auf die Sonnenuhr einfällt, wird im Modell durch parallele Geraden mit dem Richtungsvektor $\vec{u} = \begin{pmatrix} 6 \\ 6 \\ -13 \end{pmatrix}$ dargestellt.

[6]  d) Weisen Sie nach, dass der Schatten der im Modell durch den Punkt S dargestellten Spitze des Polstabs außerhalb der rechteckigen Grundplatte liegt.

[2]  e) Um 6 Uhr verläuft der Schatten des Polstabs im Modell durch den Mittelpunkt der Kante [BC], um 12 Uhr durch den Mittelpunkt der Kante [AB] und um 18 Uhr durch den Mittelpunkt der Kante [AD]. Begründen Sie, dass der betrachtete Zeitpunkt $t_0$ vor 12 Uhr liegt.

# 11.2 Lösungen

**Lösung zu 2012 I:**

a) Weil das Dachzimmer so speziell im Koordinatensystem liegt, spricht nichts dagegen, die nötigen Richtungsvektoren aus der Zeichnung abzulesen. Die Ebenengleichung soll aber *bestimmt* werden, deshalb musst du dafür einen Weg angeben.

$$\overrightarrow{AB} = \begin{pmatrix} 3 \\ 0 \\ 0 \end{pmatrix} \text{ und } \overrightarrow{AD} = \begin{pmatrix} 0 \\ 4 \\ -2 \end{pmatrix} \text{ und damit}$$

$$\overrightarrow{AB} \times \overrightarrow{AD} = \begin{pmatrix} 0-0 \\ 0+6 \\ 12-0 \end{pmatrix} = \begin{pmatrix} 0 \\ 6 \\ 12 \end{pmatrix} = 6 \cdot \begin{pmatrix} 0 \\ 1 \\ 2 \end{pmatrix} = 6 \cdot \overrightarrow{n_E}$$

Aufpunkt A(0|2|3): $\overrightarrow{n_E} \circ \overrightarrow{A} = 2 + 6 = 8 \quad \Rightarrow$ E: $x_2 + 2x_3 - 8 = 0$

b) Diesen Abstand kann man nicht aus der Zeichnung ablesen, deshalb berechnet man ihn mit dem Standardverfahren. Darauf deutet auch das Zwischenergebnis aus a) hin, das ja genau dafür benötigt wird.

$$|\overrightarrow{n_E}| = \sqrt{1+4} = \sqrt{5}$$

$$\Rightarrow d(R, E) = \left| \tfrac{1}{\sqrt{5}} (1 \cdot 0 + 2 \cdot 0 - 8) \right| = \frac{8}{\sqrt{5}}$$

Bis jetzt sind keine Einheiten gegeben, deshalb muss hier auch keine (sinnvoll gerundete) Größe angegeben werden. Das Ergebnis kannst du also einfach so stehen lassen.

c) Die Koordinaten der Punkte müssen nur angegeben werden. Hier muss die Anschauung verwendet werden, d.h. die Koordinaten werden aus der Zeichnung abgelesen. Der Schlüssel dafür ist die Angabe $\overline{GL} = 1$ und die Tatsache, dass es sich bei GHKL um ein Rechteck handelt.
Anhand der Zeichnung kann man z.B. gut erkennen, dass G und H (und genauso L und K) die gleichen $x_1$-Koordinaten haben und dass H und K die $x_3$-Koordinate 1 besitzen.
Der Flächeninhalt dagegen muss bestimmt werden, da braucht es also einen Rechenweg.

L(1|4|2), H(2|6|1), K(1|6|1)

$$\text{Seitenlänge } \overline{GH} = \left|\overrightarrow{GH}\right| = \left|\begin{pmatrix} 0 \\ 2 \\ -1 \end{pmatrix}\right| = \sqrt{0+1+4} = \sqrt{5}$$

$$\overline{GH} \cdot \overline{GL} = 1 \cdot \sqrt{5} = \sqrt{5}$$

$$\Rightarrow \text{Flächeninhalt } A_{GHKL} = \sqrt{5}m^2 \approx 2,24m^2$$

Weil hier die Längeneinheit gegeben ist, ist der Flächeninhalt, der ja eine Größe ist, mit der korrekten Einheit anzugeben. Das Runden ist vielleicht nicht unbedingt obligatorisch, wie ihr da verfahrt, macht ihr am besten mit eurer Lehrkraft aus.

d) Es liegt die typische Situation der schrägen Projektion vor. Eine Vereinfachung aufgrund einer besonderen Ausgangslage ist mit diesem Richtungsvektor nicht erkennbar, also wendet man das Standardverfahren an:

Ebenengleichung für Seitenwand OPQR:    $F: x_2 = 0$

g = Gerade durch G:

$$g : \overrightarrow{X} = \begin{pmatrix} 2 \\ 4 \\ 2 \end{pmatrix} + \lambda \begin{pmatrix} -2 \\ -8 \\ -1 \end{pmatrix} \text{ wird in F eingesetzt:}$$

$$
\begin{aligned}
4 - 8\lambda &= 0 \\
-8\lambda &= -4 \\
\lambda &= 0,5
\end{aligned}
$$

$$\text{Damit } \overrightarrow{S} = \begin{pmatrix} 2 \\ 4 \\ 2 \end{pmatrix} + 0,5 \begin{pmatrix} -2 \\ -8 \\ -1 \end{pmatrix} = \begin{pmatrix} 1 \\ 0 \\ 1,5 \end{pmatrix} \quad \Rightarrow S(1|0|1,5)$$

Den Winkel kann man auch dann berechnen, wenn man den Punkt S nicht bestimmen konnte. Normalerweise kannst du davon ausgehen, dass das bei solchen „Doppelaufgaben" immer möglich sein muss.

Hier handelt es sich um den Winkel zwischen Gerade und Ebene, auch dafür wendet man das Standardverfahren an:

$$\overrightarrow{v} \circ \overrightarrow{n_F} = \begin{pmatrix} -2 \\ -8 \\ -1 \end{pmatrix} \circ \begin{pmatrix} 0 \\ 1 \\ 0 \end{pmatrix} = -8$$

$$\cos \alpha' = \frac{-8}{\sqrt{4+64+1} \cdot 1} = -\frac{8}{\sqrt{69}}$$

$\Rightarrow \alpha' \approx 164,4°$   und $\alpha = 180° - \alpha' \approx 15,6°$

und damit $\varphi = 90° - \alpha \approx 74,4°$

Wenn das Skalarprodukt negativ wird, weiß man schon, dass zunächst ein Winkel größer als 90° herauskommen wird. Statt $\alpha$ kann man dann schon gleich $\alpha'$ schreiben.

e) Das ist wieder eine Aufgabe, die auf der unmittelbaren Anschauung beruht. Hier musst du erkennen, wie das Fenster sich im Raum bewegen kann. Am besten macht man wieder eine zweidimensionale Skizze, in der man die senkrechte Stellung des Fensters einzeichnet.

Die Seitenmitte könnte man eigentlich auch der Zeichnung entnehmen, die muss aber bestimmt werden:

$$\vec{M} = \tfrac{1}{2}\left(\vec{G} + \vec{H}\right) = \tfrac{1}{2}\begin{pmatrix} 4 \\ 10 \\ 3 \end{pmatrix} = \begin{pmatrix} 2 \\ 5 \\ 1,5 \end{pmatrix} \quad \Rightarrow M(2|5|1,5)$$

Weil das Zwischenergebnis für M angegeben ist, wird man es wohl für den zweiten Teil der Aufgabe benötigen.

Auch das Teilergebnis aus c) kann hier verwendet werden.

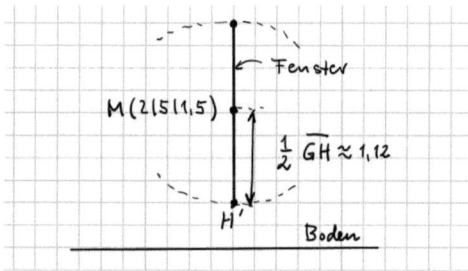

$\overline{MH'} = 0,5 \cdot \overline{GH} = 0,5\sqrt{5} \approx 1,12 < 1,5 = x_3$-Koordinate von M

$\Rightarrow$ Das Fenster kann den Boden nicht berühren.

Anmerkung: Die Skizze ist hier ein wichtiger Teil des Lösungswegs. Ohne Skizze müsste aus meiner Sicht der Gedankengang noch ausführlicher erläutert werden. So aber würde mir der Umfang der Bearbeitung genügen.

Füge also solche erklärenden Skizzen möglichst immer in den Haupttext ein, falls du sie vorher auf dem Konzeptpapier erstellt hast. Bei Zeitnot kannst du natürlich auch darauf verweisen.

f) An dieser Aufgabe sind bei uns hauptsächlich die guten Schülerinnen und Schüler verzweifelt. Für sie war es schlicht nicht denkbar, dass man im Mathematik-

Abitur mit Hilfe des Geodreiecks eine Größe durch Abmessen erhalten soll.
Genauso war das aber hier gedacht...

Höhe: 1,2cm $\stackrel{\wedge}{=}$ 40cm      (In der Originalangabe betrug die Höhe 1,2cm.)
Breite 7,8cm $\stackrel{\wedge}{=}$ b cm

$$\frac{b}{40cm} = \frac{7,8}{1,2} \quad \Rightarrow b = \frac{7,8}{1,2} \cdot 40cm = 260cm = 2,6m$$

Zur Bestimmung von t muss anhand der Zeichnung gesehen werden, dass die
Rückwand des Möbelstücks „flächenbündig" (der Begriff sollte einen schon auf-
merksam werden lassen!) an der $x_2$-Koordinate 6 steht (genauer: an der Ebene
mit der Gleichung $x_2 = 6$). Weiter musst du erkennen, dass die Gerade k eine
Parallele zur $x_1$-Achse ist, was aber als Vorderkante des Möbelstücks naheliegend
ist. Der Schlüssel ist, sich das Kästchen im Zimmer vorzustellen. Wenn dir das so
nicht gelingt, fertige lieber gleich eine Skizze wie bei g) an. Im Zweifelsfall gilt:
lieber eine Skizze zu viel als eine zu wenig!

Für die Rückwand gilt: $x_2 = 6$
Für die Vorderseite: $x_2 \stackrel{\wedge}{=} x_2$-Koordinate von k = 5,5

Die Tiefe t entspricht der Differenz der beiden $x_2$-Werte: t = 0,5m

Man hätte das Problem auch rein formal lösen können: t entspricht dem Abstand
der Geraden k von der Ebene, die die rechte Seitenwand enthält. Ist aber sicher
nicht schneller.

g) Hier ist eine Skizze sehr ratsam! Dann ist das Ganze auch nicht schwer. Wichtig: von der Seite betrachten (also wieder einmal eine Projektion...)

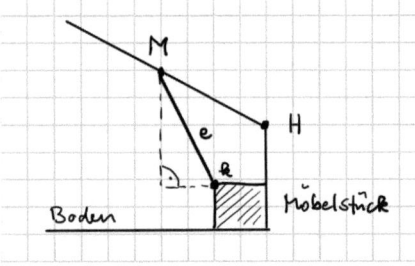

e $\stackrel{\wedge}{=}$ kürzester Abstand Drehpunkt - Vorderkante Möbelstück

Abstand von M zu k in $x_2$-Richtung: $5,5 - 5 = 0,5$
in $x_3$-Richtung: $1,5 - 0,4 = 1,1$

Pythagoras $\Rightarrow e = \sqrt{0,5^2 + 1,1^2} = \sqrt{1,46} \approx 1,21$

Weil der schwenkbare Teil des Fensters im Zimmer nur 1,12m lang ist, stößt es nicht an.

Auch hier hätte es einen formalen Weg gegeben. Der von uns berechnete Abstand e ist der Abstand des Punktes M von der Geraden k. Muss man aber auch erst einmal sehen...

## Lösung zu 2015 B2:

a) Beim Rechteck halbieren sich die Diagonalen gegenseitig. Deshalb kann C wie folgt bestimmt werden:

$$\vec{C} = \vec{M} + \overrightarrow{AM} = \begin{pmatrix} 2,5 \\ 0 \\ 2 \end{pmatrix} + \begin{pmatrix} -2,5 \\ 4 \\ 2 \end{pmatrix} = \begin{pmatrix} 0 \\ 4 \\ 4 \end{pmatrix} \quad \Rightarrow C(0|4|4)$$

Nachdem C **bestimmt** werden soll, hilft einem die Anschauung hier nicht viel. Allerdings solltest du natürlich anhand der Zeichnung nachprüfen, ob dein Ergebnis stimmen kann.

Die Richtungsvektoren der Ebene kann man aber schon der Zeichnung bzw. von oben entnehmen.

$$\overrightarrow{AB} \times \overrightarrow{AM} = \begin{pmatrix} 0 \\ 8 \\ 0 \end{pmatrix} \times \begin{pmatrix} -2,5 \\ 4 \\ 2 \end{pmatrix} = \begin{pmatrix} 16 - 0 \\ 0 - 0 \\ 0 + 20 \end{pmatrix} = \begin{pmatrix} 16 \\ 0 \\ 20 \end{pmatrix} = 4 \cdot \begin{pmatrix} 4 \\ 0 \\ 5 \end{pmatrix} =$$
$$4 \cdot \overrightarrow{n_E}$$

Aufpunkt B(5|4|0):   $\overrightarrow{n_E} \circ \vec{B} = 20 + 0 + 0 = 20$

$\Rightarrow$ E:   $4x_1 + 5x_3 - 20 = 0$

b) Den Winkel der Grundplatte gegenüber der Horizontalen könnte man elementargeometrisch bestimmen. Dazu müsste man die Grundplatte von rechts her betrachten, so wie wir das schon im Kapitel 3 in vergleichbaren Situationen gemacht haben.

Wenn aber die Ebenengleichung gegeben (Zwischenergebnis!) und die zweite Ebene eine Koordinatenebene ist, geht es mit dem üblichen Ansatz normalerweise schneller.

$$\cos\alpha = \frac{\begin{pmatrix} 4 \\ 0 \\ 5 \end{pmatrix} \circ \begin{pmatrix} 0 \\ 0 \\ 1 \end{pmatrix}}{\sqrt{16 + 25} \cdot 1} = \frac{5}{\sqrt{41}} \quad \Rightarrow \alpha \approx 38,7°$$

und damit   $\varphi = 90° - \alpha \approx 51,3°$

c) Man sollte erkennen, dass es sich bei den Fragen um absolute Standardverfahren handelt, wenn man den Polstab dem Vektor $\overrightarrow{MS}$ gleichstellt. Diesen wird man dann natürlich als erstes bestimmen. Bei der Länge: Achtung auf die angegebene Genauigkeit!

$$\overrightarrow{MS} = \begin{pmatrix} 4,5 - 2,5 \\ 0 - 0 \\ 4,5 - 2 \end{pmatrix} = \begin{pmatrix} 2 \\ 0 \\ 2,5 \end{pmatrix}$$

$$\overrightarrow{MS} = 0,5 \cdot \overrightarrow{n_E} \quad \Rightarrow \overrightarrow{MS} \parallel \overrightarrow{n_E} \text{ und damit } \overrightarrow{MS} \perp E$$

Damit steht der Polstab auch senkrecht auf der Grundplatte.

$$|\overrightarrow{MS}| = \left| \begin{pmatrix} 2 \\ 0 \\ 2,5 \end{pmatrix} \right| = \sqrt{4 + 6,25} = \sqrt{10,25} \approx 3,20$$

Länge des Polstabs: $3,20 \cdot 10cm = 32,0cm \approx 32cm$

d) Sonnenlicht und Schatten deuten sehr auf das Grundverfahren der schrägen Projektion hin. Das wäre dann das Verfahren Schnitt Gerade-Ebene. Hier ist jedoch gar nicht so eindeutig, mit welcher Ebene geschnitten werden soll. Nachdem der Schattenpunkt ja nicht auf der Grundplatte liegen soll, liegt er ja wohl außerhalb der Ebene E. Nur wo dann? Nachdem keine andere Ebene gegeben ist, bleibt nur die Möglichkeit des Schnitts mit der Ebene E. Weiterer starker Hinweis darauf: von E ist die Gleichung als Zwischenergebnis angegeben.

Wenn man den Schnittpunkt S' mit E kennt, kann man leicht nachweisen, dass dieser nicht auf der Grundplatte liegt und deshalb auch der Schatten von S nicht dort liegen kann.

g = Gerade durch S:

$$g : \overrightarrow{X} = \begin{pmatrix} 4,5 \\ 0 \\ 4,5 \end{pmatrix} + \lambda \begin{pmatrix} 6 \\ 6 \\ -13 \end{pmatrix} \text{ wird in E eingesetzt:}$$

$$
\begin{aligned}
4(4,5 + 6\lambda) + 5(4,5 - 13\lambda) - 20 &= 0 \\
18 + 24\lambda + 22,5 - 65\lambda - 20 &= 0 \\
-41\lambda + 20,5 &= 0 \\
41\lambda &= 20,5 \\
\lambda &= 0,5
\end{aligned}
$$

$$\text{Damit } \overrightarrow{S'} = \begin{pmatrix} 4,5 \\ 0 \\ 4,5 \end{pmatrix} + 0,5 \begin{pmatrix} 6 \\ 6 \\ -13 \end{pmatrix} = \begin{pmatrix} 7,5 \\ 3 \\ -2 \end{pmatrix} \quad \Rightarrow S'(7,5|3|-2)$$

Die Grundplatte entspricht dem Rechteck ABCD. Alle Punkte von ABCD besitzen eine $x_1$-Koordinate kleiner oder gleich 5.
$\Rightarrow$ S' kann nicht auf der Grundplatte liegen.

(Hinweis: Man könnte genauso gut mit der $x_3$-Koordinate argumentieren.)

e) Bei den letzten Teilaufgaben werden ganz gerne etwas schwierigere Probleme gestellt, die sich oft nicht mit einem Standardverfahren lösen lassen.
Auch hier muss man sich etwas einfallen lassen. Am besten: senkrechte Projektion in die Horizontale.

Aus der $x_3$-Richtung betrachtet:

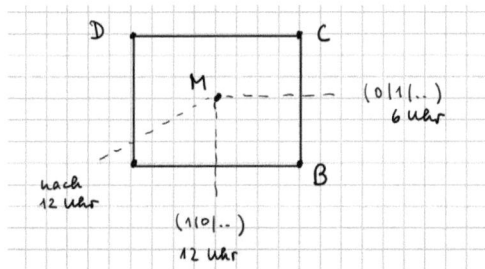

Man erkennt: Nach 12 Uhr müsste der Richtungsvektor der Geraden (= Sonnenstrahlen) eine negative $x_2$-Koordinate besitzen.

Wegen $\overrightarrow{u} = \begin{pmatrix} 6 \\ 6 \\ -13 \end{pmatrix}$ liegt $t_0$ also vor 12 Uhr.

(Alternativ könnte man auch mit dem Punkt S' argumentieren, der ja auch eine positive $x_2$-Koordinate hat. Allerdings muss dazu vorher auch S' richtig bestimmt worden sein. Die Lösung mit $\overrightarrow{u}$ verwendet nur bekannte Angaben, was normalerweise bei der Bearbeitung von neuen Teilaufgaben meistens möglich sein sollte).

# 12 Anhang

## Geometrisches Grundwissen aus der Mittelstufe

Im „normalen" Programm der Analytischen Geometrie sind ja schon viele Themen aus der Mittelstufe enthalten, wie z.B.:

- Satz des Pythagoras
- Vierecke (siehe dazu auch Kap.2)
- Volumen von Prisma, Pyramide, Zylinder
- Trigonometrie im rechtwinkligen Dreieck usw.

Diese kommen so häufig vor, dass sie dir kaum entgehen werden.

Es gibt aber auch ein paar Randthemen, die bis vor kurzem gar nicht oder nur sehr selten aufgetaucht sind und die man deshalb leicht übersehen kann. Deshalb folgt hier eine kurze Liste mit nicht so zentralen Inhalten, die man aber dennoch im Hinterkopf haben sollte:

- Satz des Thales
  (siehe 2020 A1, 2020 B2 e)

- zentrische Streckung und/oder Strahlensätze
  Kann z.B. bei Pyramiden vorkommen, bei denen bei Streckung mit k das Volumen mit $k^3$ wächst (k = Streckfaktor).
  Auch der Streckfaktor von $k^2$ bei Flächeninhalten von gestreckten Figuren wie Dreiecken oder Vierecken könnte wichtig sein.

- Stufenwinkel und Wechselwinkel an Parallelen

## Beschreibung der Operatoren

Wie in der Einführung bereits erwähnt, basieren die in der bayerischen Abiturprüfung verwendeten Operatoren auf der vom IQB veröffentlichten Liste (siehe nächste Seite).

In Kurzform habe ich das in den Lösungen ja schon erläutert: bei „angeben" ist nichts weiter hinzuschreiben, bei „berechnen, bestimmen, untersuchen" dagegen schon. Darüber hinaus kann man in der Tabelle ganz gut sehen, was genau bei „beschreiben", „erläutern" oder „begründen" so erwartet wird. Auch der Unterschied zwischen „zeichnen" und „skizzieren" wird präzisiert.

Fazit: Kann man sich schon mal anschauen.

## Weitere Übungsaufgaben

Das IQB hat auf seiner Seite noch viele weitere Beispiele für Prüfungsaufgaben veröffentlicht. Wenn du gar nicht mehr weißt, was du noch rechnen sollst, dann schau mal unter www.iqb.hu-berlin.de/abitur .

| Operator | Erläuterung |
|---|---|
| angeben, nennen | Für die Angabe bzw. Nennung ist keine Begründung notwendig. |
| entscheiden | Für die Entscheidung ist keine Begründung notwendig. |
| beurteilen | Das zu fällende Urteil ist zu begründen. |
| beschreiben | Bei einer Beschreibung kommt einer sprachlich angemessenen Formulierung und ggf. einer korrekten Verwendung der Fachsprache besondere Bedeutung zu. Eine Begründung für die Beschreibung ist nicht notwendig. |
| erläutern | Die Erläuterung liefert Informationen, mit derer sich z.b. das Zustandekommen einer grafischen Darstellung oder ein mathematisches Vorgehen nachvollziehen lassen. |
| deuten, interpretieren | Die Deutung bzw. Interpretation stellt einen Zusammenhang her z.b. zwischen einer grafischen Darstellung, einem Term oder dem Ergebnis einer Rechnung und einem vorgegebenen Sachzusammenhang. |
| begründen, nachweisen, zeigen | Aussagen oder Sachverhalte sind durch logisches Schließen zu bestätigen. Die Art des Vorgehens kann - sofern nicht durch einen Zusatz anders angegeben - frei gewählt werden (z.b. Anwenden rechnerischer oder grafischer Verfahren). Das Vorgehen ist darzustellen |
| berechnen | Die Berechnung ist ausgehend von einem Ansatz darzustellen. |
| bestimmen, ermitteln | Die Art des Vorgehens kann - sofern nicht durch einen Zusatz anders angegeben - frei gewählt werden (z.b. Anwenden rechnerischer oder grafischer Verfahren). Das Vorgehen ist darzustellen |
| untersuchen | Die Art des Vorgehens kann - sofern nicht durch einen Zusatz anders angegeben - frei gewählt werden (z.b. Anwenden rechnerischer oder grafischer Verfahren). Das Vorgehen ist darzustellen |
| grafisch darstellen, zeichnen | Die grafische Darstellung bzw. Zeichnung ist möglichst genau anzufertigen. |
| skizzieren | Die Skizze ist so anzufertigen, dass sie das im betrachteten Zusammenhang Wesentliche grafisch beschreibt. |